广西全民阅读书系

广西全民阅读书系

桂林山水

袁道先　蒲俊兵　肖　琼　著
陈洪健　改编

中学版

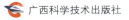
广西出版传媒集团　　广西科学技术出版社

图书在版编目（CIP）数据

桂林山水 / 袁道先，蒲俊兵，肖琼著；陈洪健改编 . -- 南宁 : 广西科学技术出版社，2025.4. -- ISBN 978-7-5551-2453-5

Ⅰ . P642.252.267.3

中国国家版本馆 CIP 数据核字第 2025L71U84 号

GUILIN SHANSHUI
桂林山水

总 策 划　利来友

监　　　制　黄敏娴　赖铭洪
责任编辑　吴桐林　盘美辰
责任校对　冯　靖
装帧设计　李彦嫒　黄妙婕　杨若嫒　梁　良
责任印制　陆　弟

出 版 人　岑　刚
出　　版　广西科学技术出版社
　　　　　广西南宁市东葛路 66 号　邮政编码 530023
发行电话　0771-5842790
印　　装　广西民族印刷包装集团有限公司
开　　本　710 mm×1030 mm　1/16
印　　张　7
字　　数　100 千字
版次印次　2025 年 4 月第 1 版　　2025 年 4 月第 1 次印刷
书　　号　ISBN 978-7-5551-2453-5
定　　价　28.00 元

　　说到桂林，人们总会想到"桂林山水甲天下"这句脍炙人口的诗句。20 世纪 90 年代中后期，传唱大江南北的歌曲《我想去桂林》中的歌词"我想去桂林呀我想去桂林，可是有时间的时候我却没有钱；我想去桂林呀我想去桂林，可是有了钱的时候我却没时间"也唱出了无数人向往桂林的心声。"桂林山水甲天下"不仅是一句经典的诗句，更是一张含金量十足的文化名片！

　　桂林山水何以"甲天下"？决定一座城市美不美的重要因素之一就是它的生态资源禀赋。桂林山水的绝妙，妙在地形地势的造化。桂林拥有典型的岩溶地貌，桂林山水是亚热带峰林峰丛地貌的典型代表。桂林地处南岭山系的西南部，为中、低山地形，地势两侧高，中部低，位于自西北向东南延伸的岩溶盆地中，北起兴安，南至阳朔，发育形成了世所罕见的峰林峰丛地貌。这里除了部分弧形山系，大部分地区分布着一眼望不到边的塔状、柱状、锥状等形态各异、挺拔峻峭的石灰岩山峰。清代诗人袁枚晚年游桂林曾作诗《独秀峰》，其中"来龙去脉绝无有，突然一峰插南斗"一句让桂林山景的奇绝卓异跃然纸上，令人称叹叫绝。2008 年，联合国教育、科学及文化组织国际岩溶研究中心落户桂林，标志着我国岩溶研究已获得国际学术界的高度认可。

　　以"山清、水秀、洞奇、石美"著称的桂林，被誉为中国南方岩溶

"皇冠上的那颗钻石"，是中国自然山水资源精华最集中的体现，是国际旅游名城和生态山水名城。2014 年 6 月，在第三十八届世界遗产大会上，桂林山水所属的中国南方喀斯特二期项目被正式列入《世界遗产名录》，成为珍贵的世界自然遗产。

"山水甲天下"的桂林，自然景观与人文价值相得益彰，美美与共。古往今来，桂林的奇山秀水一直吸引着无数文人墨客。诗圣杜甫的一句"宜人独桂林"，让多少人对桂林的宜居环境产生无限遐想。

本书是在袁道先、蒲俊兵、肖琼等所著的《桂林山水》的基础上改写而成，旨在保持原著的科学性，并通过纪实文学的笔调，向广大读者介绍桂林的生态环境与人文文化，激发读者对祖国山河的热爱及对自然科学的探索。

目 录

桂林山水的历史密码

甑皮岩遗址与桂林史前文明

　　史前文明是科学家根据发掘和发现不同史前时期的人类文明遗迹而提出的概念。史前时期一般指人类社会的文字产生以前的历史时期。我国的史前时期主要包括新石器时代和旧石器时代。桂林甑皮岩遗址就是华南地区新石器时代早期的代表性遗址。

　　洞穴对于我们普通人来说，充满着神秘和未知，也让人们产生遐想和敬畏。天然洞穴是为古生物和古人类提供庇护的重要场所，因此其中常常保存着许多古生物、古人类的化石及文化遗存等，从而成为考古学家研究生物、人类演化和迁徙及古文明发展的重要宝库。甑皮岩遗址作为新石器时代桂林先民的一处居址和墓地，是我国目前发现古人类遗迹最多、保存最完整的洞穴遗址之一，也是华南地区乃至东南亚区域新石器时代洞穴遗址的典型代表。

　　甑皮岩位于桂林市南郊峰林平原上的一座石峰——独山脚下。1965年6月，文物普查工作者在独山西南麓惊喜地发现了甑皮岩遗址，引发考古界的关注。1973年，考古工作者正式展开对甑皮岩遗址的首次挖掘。据中国地质科学院岩溶地质研究所研究员张美良等研究推测，甑皮岩洞穴形成于距今4万～3万年的时期。洞穴发育于上泥盆统石灰岩中，由主洞及两侧的矮洞和水洞组成。甑皮岩遗址的古人类文化层主要位于主洞中，其次为矮洞，水洞口两侧亦有少量文化堆积。考古工作者经过历次调查和发掘，在主洞内的文化层中发现了人类墓葬27座、石器加工点1处及火塘、灰坑等生活遗迹，出土打制石器、磨制石器、穿孔石器、骨器、角器、蚌器数百件，捏制或泥片贴筑的夹砂陶器和泥质陶器残片上万件，以及古人类食后遗弃的大量兽骨、蚌壳、螺壳等。考古工作者从文化层中获取了数百种动植物的遗存，其中动物种类达 113 种。让人惊喜的是，他们还发现了一种特别的鸟类，并将其命名为"桂林广西鸟"。考古工作者通过对甑皮岩文化层中的陶片、木炭、古动物化石和顶部钙华板进行测年，判断出甑皮岩遗址文化层从距今 12500 年前后开始堆积，于距今 7600 年前后结束，持续时间将近 5000 年。如此漫长的岁月里，甑皮岩人在此生活，不知经历了多少代子子孙孙，可见甑皮岩附近的环境能为甑皮岩人提供丰富的食物，当然也需要他们勤劳勇敢、团结协作，方能在多变的自然环境中找到充足的食物。

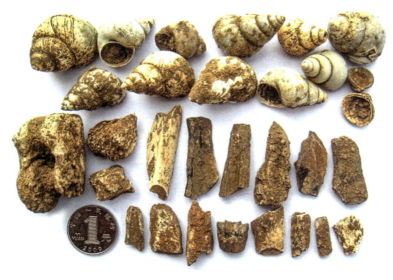

甑皮岩遗址出土的螺壳、兽骨等化石

寻根问祖，寻的就是人类祖先的居住地，唯有找到我们祖先的家园，方能窥见人类文明的前世今生。

考古工作者通过对甑皮岩遗址出土的头骨进行分析，判断甑皮岩新石器时代居民属于蒙古人种，并在一定程度上承袭了旧石器时代晚期柳江人的特征，且与现代华南人和东南亚人有明显的相似性，由此也表明甑皮岩人可能是现代东南亚人的古老祖先之一。

甑皮岩遗址出土头骨复原的三维头像

考古发现，甑皮岩人葬俗以"屈肢蹲葬"为主，与我国黄河、长江流域及东南沿海等地在新石器时代所盛行的"仰身直肢葬"有所不同。学界对这一葬俗的解释多种多样，为探讨甑皮岩人的原始习俗和对生死的理解提供了丰富的思考方向。

甑皮岩人还是新石器时代的制陶高手。考古工作者在甑皮岩遗址第一期文化层堆积中发现了原始的陶雏器碎片，这些早期陶器由砂和泥土双料制成，通过手工捏制成型，烧成温度极低，尚未完全陶化，部分表面可见绳纹。这一发现表明甑皮岩是最早的陶器起源地之一，而且甑皮岩人掌握了当时最先进的制陶技术——双料混炼制陶技术。中国社会科学院考古研究所等单位一致认为，双料混炼制陶技术是万年前宝贵的人类发明，甑皮岩人是具有高智商的智慧人，桂林是具有万年历史的人类智慧圣地。

甑皮岩人在甑皮岩和附近其他洞穴里居住了至少5000年。这对人类的一个族群来说，是一段漫长的岁月，按照原始社会人类的寿命推测，这一族群繁衍了150代以上。然而在7000多年前，他们不得不离开甑皮岩，离开桂林谷地，向南部迁徙。甑皮岩人为什么要离开甑皮岩？有学者认为，可能是数千年来人们在此生活所产生的垃圾堆积导致甑皮岩逐渐变矮，从而越来越不便于居住。另外，干栏式建筑的出现使甑皮岩人逐渐放弃穴居生活，而洞内积水频发使他们最终放弃了甑皮岩。同时，来自湖南洞庭湖地区的农耕部族向南扩张并打败了甑皮岩人，使得甑皮岩人不得不向更南处迁徙。

7000 多年过去了，甑皮岩人的背影早已远去，但是他们给桂林留下了无比宝贵的史前文化遗产。甑皮岩遗址，让桂林的人类祖先生存史得以追溯到 10000 多年前，为桂林的悠久历史增添了厚重的一笔。甑皮岩遗址于 2001 年被国务院公布为全国重点文物保护单位，2013 年被国家文物局公布为华南地区首个国家考古遗址公园。如今，坐落在独山南麓的桂林甑皮岩遗址博物馆，作为一处承载着甑皮岩深厚历史文化底蕴的精华之所，向每一位前来参观的人展现着桂林先民的生活习俗、生存智慧和宗教信仰等，也传承着桂林古老而神秘的独特魅力。

甑皮岩遗址第一期文化层出土的陶雏器碎片

从"江源多桂"走来的桂林

"桂林"之名，始于秦代。《旧唐书·地理志》记载："江源多桂，不生杂木，故秦时立为桂林郡也。"可见当时桂林郡因盛产玉桂而得名，这是"桂林"名称由来的最早记载。

对于一个历史悠久的地方，人们总希望能追溯它遥远的过去，了解其历史文明的源头与行进中发生的重大历史事件，它们像历史天空中的星光点点，汇聚成灿烂的中华文明。

秦始皇三十三年（公元前 214 年），秦帝国统一了岭南，设置南海、桂林、象郡三郡。其中，桂林郡辖境相当于今广西都阳山、大明山以东，九万大山、越城岭以南地区及广东肇庆市至茂名市一带，郡治在今贵港市和桂平市交界处。如今的桂林在当时便处于桂林郡辖境内。这是今桂林所在区域第一次被纳入中央王朝的行政版图。

"始安县"是今桂林所在区域最早的政区称谓，建制于汉武帝元鼎六年（公元前 111 年），隶属荆州零陵郡。南朝时期设桂州，大同六年（540 年），始安县县城成为桂州州治。到了隋开皇九年（589 年），隋文帝于始安县县城设置桂州总管府，始安县开始成为军事重镇。唐至德二年（757 年），始安县改名为临桂县。北宋至道三年（997 年），设广南西路，"广西"之名由此而来，而桂州则成为广南西路的治所。南宋绍兴三年（1133 年），因宋高宗即位前曾受封"静江军节度使"，且将桂州视为潜邸，故将桂州升为静江府。元朝改广南西路为广西两江道宣慰司，隶属湖广行中书省，治所为静江府；至元十五年（1278 年），改静江府为静江路，临桂县县城为静江路路治；至正二十三年（1363 年），又将广西两江道宣慰司改为广西行中书省，治所仍设在静江路。明洪武元年（1368年），朱元璋命麾下部将攻占静江路后设静江府；洪武五年（1372年），改静江府为桂林府，此时"桂林"第一次成为广西东北地区行政区域名称。民国三年（1914年），桂林府改为桂林县；民国二十九年（1940年），从桂林县划出城区和近郊及灵川县小部分区域成立桂林市，并改原桂林县剩余区域为临桂县，桂林市的名称从此沿用至今。

回望桂林走过的2200多年的历史，仿佛是在这山水间徐徐展开的一幅动人长卷，历史与当下共同着墨，绘就了桂林浓厚的文化底蕴与浪漫的人文情怀。

桂林岩溶地质发育简史

贺敬之的《桂林山水歌》里写道："桂林的山呀漓江的水，水绕山环桂林城。"桂林是世界岩溶峰林景观发育最完善的典型地区。想要领略桂林山水的美，就有必要了解桂林岩溶地质的发育史。

桂林分布的碳酸盐岩年代久远，绝大部分属于3亿多年前的古生代碳酸盐岩，古老坚硬，沉积厚度巨大，且纯度较高，酸不溶物含量大多低于5%，为岩溶发育提供了丰富的物质基础。

受新生代以来喜马拉雅运动的影响，我国西部地区大幅度抬升，桂林也存在一定幅度的抬升。这一地质变化使得漓江的下切加剧，河床底部不断受到侵蚀，流域侵蚀基准面不断降低，岩溶发育的水动力条件增强。同时，地壳抬升也让地表岩石裸露率提高，更易遭受剥蚀作用。这些因素共同为峰林峰丛地貌的发育创造了有利条件。随着地壳的抬升，各种岩溶形态被抬升到不同的高度，进而构成了桂林形态各异、丰富多彩的岩溶景观。

桂林山水（漓江相公山河段）

气候在岩溶发育过程中也起到重要的作用。桂林地处亚热带季风气候区，雨热同季。雨季时较高的气温和丰沛的降水十分有利于岩溶作用的进行，从而对峰林峰丛地貌的形成发挥了重要作用。此外，桂林处于北半球低纬度地区，未遭受过末次冰期大陆冰盖的破坏作用，因此各种地表岩溶形态得以保存，成为举世瞩目的形态丰富的经典岩溶区。

桂林山水所包含的地貌主要是峰丛洼地地貌和峰林平原地貌。桂林岩溶景观的发育可能始于中生代，但受到白垩系地壳沉降和古湖相红层埋藏的影响而中断，现代峰丛和峰林景观是随着古近纪新构造运动的地壳抬升和湿热季风气候的到来而形成的。

白垩纪时期，地壳运动导致的河流侵蚀和湖水外泄使得古湖逐渐消亡，在古湖相沉积的红层上开始形成古水文网，地表进入剥蚀期。从古近纪开始，喜马拉雅运动便推动着地壳的抬升。随着古湖相沉积盖层遭受剥蚀，桂林岩溶继承性发育，在抬升区地势高处发育入渗型岩溶，向峰丛洼地演化；在相对下陷区或汇水区地势低处，由于外源水的进入或岩溶水的汇集，形成地表河系而发育流水型岩溶，向峰林平原发展。构造运动性质的差异和由此形成的不同水文地质特征，造就了桂林峰丛和峰林景观的协同共生与同时异态发展。

在新近纪中新世和上新世，河流伴随着地壳的强烈上升而急速下切。大约在 1500 万年前，漓江下切深度达到 84 米，形成了漓江沿岸的峡谷地貌。同时，漓江河床受侵蚀作用影响，底界不断下降，促进了地下岩溶的显著发育。

至第四纪初，桂林岩溶区呈现相对下降状态，岩溶平原相对下降幅度为 60 ～ 90 米。河流堆积黏土砾石，平原则堆积黏土。堆积较厚的地方，土下岩溶发育减弱；堆积较薄的地方，土下岩溶发育较强。

中更新世，地壳又开始抬升，河流转为下切，黏土和砾石层被剥蚀分割，形成拔地而起的峰林岩溶地貌，岩溶洞穴也同时遭受改造。自晚更新世以来，漓江继续下切，形成了河漫滩和现代岩溶峡谷，并沿峡谷多处侵蚀切割形成峭壁。由于未受末次冰期大陆冰川的刨蚀破坏，峰丛和峰林岩溶地貌保存相当完好，进而形成了"甲天下"的桂林山水。

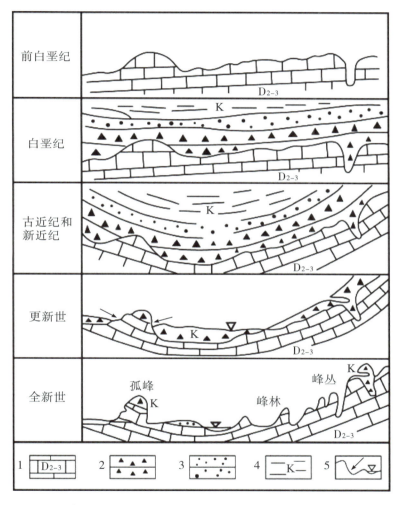

1.中、上泥盆统碳酸盐岩；2.下白垩统红色石灰角砾岩；
3.下白垩统红色砂岩；4.下白垩统红色泥岩；5.脚洞古水流

桂林岩溶地貌发育过程示意图

2008 年，联合国教育、科学及文化组织国际岩溶研究中心落户桂林，正是看中了桂林发育着世界上最完美的峰林峰丛岩溶地貌和多姿多彩的岩溶景观，同时完好保存着各种环境变化信息，具有极其宝贵的科研价值。

亿万年的地质演化，见证了桂林的沧桑变迁，也塑造了桂林山水无与伦比的奇与美。这片由大自然雕琢出的人间仙境，孕育着一个个引人入胜的桂林梦。正如陈毅元帅诗中所言："愿作桂林人，不愿作神仙。"

桂林山水甲天下

2021 年 4 月，习近平总书记在桂林考察时指出："桂林是一座山水甲天下的旅游名城。这是大自然赐予中华民族的一块宝地，一定要呵护好。"

桂林市位于广西壮族自治区东北部、湘桂走廊南端，东北部与湖南省相邻，西部、西南部与区内的柳州市、来宾市相连，南部、东南部与区内的梧州市、贺州市相连。桂林市现辖 6 个市辖区、1 个县级市、8 个县、2 个自治县，即秀峰区、叠彩区、象山区、七星区、雁山区、临桂区、荔浦市、阳朔县、灵川县、全州县、兴安县、永福县、灌阳县、资源县、平乐县、龙胜各族自治县、恭城瑶族自治县。桂林地处南岭山系的西南部，桂林—阳朔岩溶盆地北端中部，以中山、低中山地形为主，地形类型包括岩溶山地、丘陵和台地等。地势两侧高、中部低，东边以海洋山为界，西至架桥岭；北部的越城岭是长江水系和珠江水系的分水岭，其主峰猫儿山海拔 2141.5 米，被称为"华南第一峰"；中部为典型的岩溶地貌，呈现为岩溶峰林及地势开阔平坦的孤峰平原和河谷阶地。桂林处于西江支流桂江流域，区域内主要河流为桂江上游河段漓江，漓江自北向南蜿蜒流淌，北段与湘江通过运河灵渠相互连通。

桂林的山奇特多姿、秀丽迷人、独绝于世，它们高峻挺拔，屹立于平地之上，奇峰叠出，丛聚于山野之中，给人以强烈的视觉冲击，形成

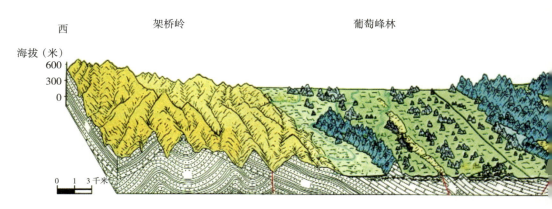

桂林岩溶地貌剖面图（西—东）

无与伦比的美学价值。桂林的水清澈如镜、碧绿似玉、温婉动人，它们轻盈流淌，铺展在群山之间，悠然荡漾，镶嵌于翠谷之中，给人以无尽的柔情遐想，谱写别具一格的自然韵律。而在山峦之中乃至地表之下，奇洞幽深、钟乳悬空、笋柱林立、暗流交织，创造着另一番令人叹为观止的景象，这是桂林奇妙的地下世界。从地表到地下，各种三维立体的岩溶景观，构建出中国乃至世界上最优美和最壮观的岩溶地质形态组合，使桂林成为世界著名的风景名胜。

地质——全球塔状岩溶形成发育的"教科书"

桂林的岩溶地貌代表着大陆内部热带 – 亚热带气候条件下的岩溶地貌发育模式，其最大特征是在地质背景控制下，同时分布峰林和峰丛两种典型的亚热带岩溶地貌。桂林岩溶主要的小形态有溶痕、溶盘、波痕等，主要的大形态有洞穴、坡立谷、地下河等，主要的宏观形态有峰丛、峰林及相关的组合形态，地表岩溶形态主要为峰丛洼地和峰林平原。桂林岩溶是全球塔状岩溶形成发育的"教科书"，也是宝贵的世界地质遗

漓江峰丛　　　　　　　　　　　海洋山　　　1160 米　　　东

海拔（米）
300
0

产。世界著名岩溶地貌学家、牛津大学地理系荣誉高级讲师斯威婷博士在考察桂林及中国南方的岩溶地貌后提出，以桂林为代表的"中国南方岩溶可能成为世界性的岩溶模式"。

岩溶形态组合

当我们对桂林乃至整个中国的岩溶区进行形态对比和发育研究时，可能会遇到这样的问题：桂林境内的孤峰与华南地区的丹霞山、西北地区的雅丹石林形态类似，它们之间是否有什么关系？桂林的峰林地貌、湖南张家界的峰林地貌及北京十渡的峰丛地貌，是否都是由岩溶作用形成的？

20世纪90年代初，联合国教育、科学及文化组织资助了全球第一个有关岩溶的国际地质对比计划IGCP299"地质、气候、水文与岩溶形成"项目，项目负责人和国际工作组主席袁道先院士提出利用"岩溶形态组合"的概念对全球岩溶进行对比研究。岩溶形态组合是指一组在大致相同环境里形成的，由地表形态和地下形态、宏观形态和微观形态、溶蚀形态和沉积形态组成的岩溶形态。

岩溶形态组合概念的提出与运用，有利于解释岩溶学研究中由单形态对比造成的"异质同相"的混乱现象。例如，峰林地貌可以由风力作用形成而出现在干旱和半干旱地区，但这种峰林无溶痕、无溶洞，与湿热岩溶区的峰林地貌存在本质区别；张家界在砂岩条件下也能形成峰林地貌，但无岩溶峰林地貌的洼地和溶痕；高寒条件下形成的霜冻蚀余石林，与南方的高大石林在形成过程中有本质区别……

依据我国岩溶发育环境的不同、单体岩溶形态及岩溶形态组合的差异，我国岩溶形态组合可划分为南方湿润热带－亚热带岩溶形态组合、北方半干旱－干旱岩溶形态组合、西部高原高山高寒岩溶形态组合、温带湿润岩溶形态组合四大类。桂林的岩溶形态属于南方湿润热带－亚热带岩溶形态组合，该类组合的地表以峰林地形为标志，地面常见的大型岩溶形态及组合有峰林、峰林平原、峰丛、峰丛洼地，其中峰丛洼地和峰林平原为正负地形组合形式。

桂林岩溶小形态

溶痕

溶痕是岩溶地区分布最广泛的一种岩溶小形态，是流水沿着可溶性岩石的表面进行溶蚀作用所形成的微小形态，是可溶性岩石与二氧化碳和水相互作用所塑造的典型岩溶形态之一。溶痕的深度和宽度一般均为数毫米至数十厘米，长度则为数厘米至数米乃至数十米。溶痕的形态受发育环境和发育历史的影响。桂林地处亚热带季风气候区，降水丰沛，雨热同期，又多暴雨，常在岩石表面形成较强力的无固定水道的细小水流，因此溶痕一般较为密集；又因岩石坡度一般都比较陡，故两道溶痕之间的棱角往往很尖锐。

灰岩表面的溶痕

溶盘

溶盘是在碳酸盐岩表面形成的小型封闭状溶坑，常呈圆形，直径在数厘米与 1 米之间，深度一般为数厘米至十数厘米。溶盘底平壁陡，中间常覆盖一层由藻类、苔藓等构成的腐殖土。溶盘并非受岩石的微小裂痕或流经岩石表面的水流影响而发育，而是受腐殖土所产生的生物二氧化碳及有机酸不断溶蚀可溶岩表面而形成。

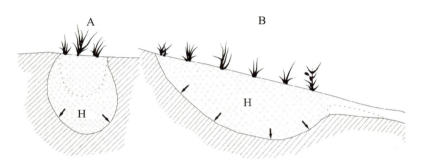

A.表面水平岩石；B.表面倾斜岩石；H.腐殖土，虚线表示初始形态；
"→"表示生物二氧化碳侵蚀方向

溶盘发育过程示意图

波痕

波痕是在水流运动比较活跃的地区的洞穴中常见的岩溶小形态，它是由于紊流水的溶蚀和侵蚀作用，在洞壁或洞外岩壁上形成的一种波状凹入的形态。波痕常成群出现，长度变化范围较大，数毫米至数米不等。单个的波痕呈贝壳形，也称为"贝窝"。因波痕剖面不对称，迎水面缓而长，背水面陡而短，故可判断陡侧为水流的上游方向。桂林岩溶中波痕发育最为典型的地方是七星公园的龙隐洞。其中，洞顶及距洞底 4 米以上的洞壁上的波痕显示古水流方向为自西口流向北口，而在 4 米高度以内的洞壁上的波痕则显示古水流方向为自北口流向西口，与如今小东江的流向一致。由此可以推断该洞穴可能是小东江地表水道旁侧的一个回流洞。

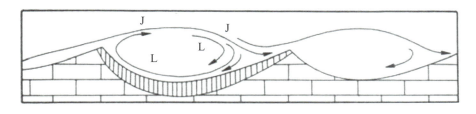

J.射流；L.涡流

波痕剖面及水流运动过程示意图

桂林七星公园龙隐洞内的波痕

边槽

边槽是地表水或地下水水面所留下的溶蚀痕迹，是历史水位的记录，标志着该岩溶区过去曾经雨水丰沛或存在过较大的地表水体，也可反映地下水体活动的时期。边槽常发育于岩溶平原或盆地边的陡崖上、孤峰周边的脚洞壁上或可溶岩岩壁上，常有上下数层，其形态仅受控于形成时的水位。

桂林独秀峰下月牙池边发育的巨型边槽

桂林岩溶大形态

洞穴

洞穴通常指一种自然形成的人可进入的地下空间，包括由于岩溶作用、火山作用、崩塌作用、侵蚀作用等所形成的地下空间。岩溶洞穴是受到岩溶作用（可能也包括部分侵蚀作用）所形成的空间。岩溶洞穴按成因可分为包气带洞、饱水带洞和深部承压带洞等。包气带洞指在地面以下、潜水面以上的含有空气的地带内，从裂隙、落水洞和竖井下渗的水沿着各种构造面不断向下流动并扩大空间，从而形成的洞穴。饱水带洞指在地下水面以下、岩石空隙全部被液态水所充满的地带内发育的洞穴，此类洞穴具有迷宫式展布、层面网状溶沟、洞顶悬吊岩、溶痕等特征。深部承压带洞则以分布较局限，并受裂隙、节理、层理等构造形迹控制为特征。桂林比较有名的岩溶洞穴有芦笛岩、七星岩、隐山六洞、龙隐洞、甑皮岩等。

包气带洞

饱水带洞

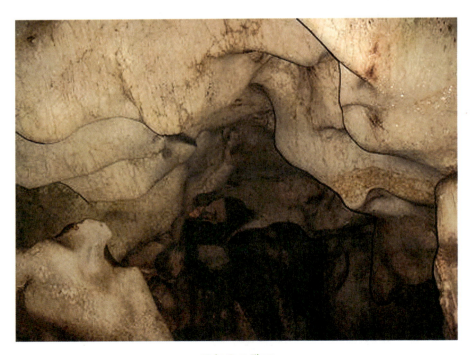

深部承压带洞

地下河

地下河是指可溶岩（主要是碳酸盐岩）岩体内部一定规模的管道状（单一管道或多种方式组合的管道系）流动水体，也称为暗河、阴河，是具有地表河流主要特性的岩溶地下通道。由地下河的干流及其支流组成的地下通道系统称地下河系。地下河是我国南方岩溶地下水资源赋存的主要形式。在南方岩溶峰林谷地里，地下河把地层溶蚀得千疮百孔，使地面以下密布大大小小的孔道，流水常年在其间奔流不息。地下河类型有多种划分方法：根据地下河管道的空间展布形式，可分为羽毛状、侧枝状、树枝状、锯齿状、单管状、伞状和网格状等；根据地下河水循环条件和水动力特征，可划分为汇流型、分流型和平行流型；根据地下河演化过程的影响因素，可划分为受古溶蚀侵蚀谷控制、受洼地发育控制和受断裂带控制。贵州罗甸大小井地下河系统（流域面积 2062 平方千米）、云南蒙自—开远南洞地下河系统（流域面积 1681 平方千米）、广西都安地苏地下河系统（流域面积 1004 平方千米）是我国地下河流域面积排名前三的超大型地下河系统。桂林的地下河系统分布也十分广泛，主要的大型地下河有七星岩（豆芽岩）地下河、海洋—寨底地下河系统、毛村地下河、冠岩地下河系统等。

地下河

盲谷

　　盲谷是岩溶地区没有出口的地表河谷。地表有常流河或间歇河，其水流消失在河谷末端陡壁下的落水洞中而转入地下河。盲谷是地表水与地下水相互联系的纽带，常发育于流水通道坡度增大处，地表水经此转入地下。盲谷的类型有漏斗型盲谷、伏流型盲谷之峡谷型和伏流型盲谷之盆地型。广西典型的盲谷有河池市巴马瑶族自治县著名的"命河"盲谷、桂林市冠岩地下河系统中的小河里盲谷等。

漏斗型盲谷

伏流型盲谷之峡谷型

伏流型盲谷之盆地型

盲谷类型示意图

巴马"命河"盲谷

穿洞

穿洞指由于地壳抬升而脱离地下水位的或大部分已脱离地下水位的地下河、地下廊道、伏流或洞穴，其两端呈开口状，且透光。桂林著名景点月亮山、穿山、象鼻山、南圩穿岩等都属于穿洞景观。

月亮山穿洞

坡立谷

坡立谷通常指中间平坦、周围被山环绕、具有地表河和地下排水系统的大型封闭洼地，底部或边缘常有泉、地下河出没，底部常被松散的沉积物覆盖。坡立谷长度可达数十千米，面积可达数百平方千米，一般是岩溶地区的主要农耕区。坡立谷一般分为 3 种类型：边缘型坡立谷、构造型坡立谷和基准面型坡立谷。桂林最典型的坡立谷为思和坡立谷。

思和坡立谷

桂林岩溶宏观形态

峰丛洼地

峰丛洼地是由底部相连的正向石峰和其间的封闭洼地组成的一种组合型岩溶地貌。石峰具有连座性，构成面积达数十平方千米或更大的山体，峰与峰之间常形成 U 形的马鞍地形。在峰丛洼地形态组合中，峰洼之间的相对高度差与地下水位深度、水流强度及岩溶化时间有关，即地

桂林的峰丛洼地地貌

下水位越深，降水量及外源水量越大，岩溶化时间越长，则峰洼之间的相对高度差就会越大。在桂林的土地上，高耸入云的尖峰与平缓封闭的洼地相间分布，展现出一片千峰万壑的独特气势。徐霞客于明崇祯十年（1637年）五月在桂林一带考察时便曾有描述："乱尖叠出，十百为群，横见侧出，不可指屈。"

峰林平原

　　峰林平原也是热带–亚热带岩溶地貌的一种典型类型，是在地形平坦或微有起伏的地面上，散布着拔地而起、巍然挺拔、疏密不等的碳酸盐岩石峰的一种岩溶地貌。峰林平原的石峰以单体石峰为主，也常有连座的小块峰簇或峰丛，但均具陡峭的边坡，四周为平原地面或略低的洼地，或被水体所环绕，基部有许多流入型的脚洞。平原地面一般较为平坦，或基岩裸露呈现一片"石海"，或覆有薄层蚀余红土、冲积层，或有低矮石芽散布于平原上。平原面下（覆盖层下）岩溶作用也较为强烈，地下碳酸盐岩顶面变化较大，洞穴、石芽、溶孔、溶沟、溶槽等遍布。

桂林的峰林平原地貌

因此，在桂林峰林平原区存在着"地上一个桂林，地下还是一个桂林"的说法。峰林平原中的大多数石峰具有"无山不洞"的特点，石峰分布密度和个体占地面积越小，山坡坡面越陡，洞穴化程度越高。与其他发育了峰林的岩溶地区相比，桂林的峰林平原堪称世界陆地上美学价值最高的岩溶地貌类型，其面积之广、石峰形态之美、高度之高及分布之密皆为世界第一。这些面积大小不一的峰林平原，在桂林境内自北向南错落分布着，游览其间，给人一种峰回路转、豁然开朗之感。

峰丛河谷

峰丛河谷主要指岩溶峰丛、河流河谷及其过渡地带所组成的地貌组合。桂林地区的峰丛河谷主要分布于漓江及其支流沿岸，大致沿着峰丛洼地的分布范围向南北延伸，地形坡度变化大。蜿蜒的漓江穿过高低相错的峰丛，山扎根于水中，水源自群山间，山因矗立于水中而格外挺拔，

峰丛与河流的完美结合

水因缠绕于山间而更显妩媚，难怪韩愈在此作出了经典诗句"江作青罗带，山如碧玉篸（簪）"。

桂林保存并展现了丰富多样的地表和地下岩溶地貌形态，分布在此的峰丛和峰林岩溶是世界上具有典型意义和重要价值的岩溶地貌类型。桂林山水可以称得上是世界上最完美的峰林岩溶系统，世界著名岩溶学家保罗·威廉姆斯就曾称赞桂林岩溶是中国南方岩溶"皇冠上的那颗钻石"。桂林的这片岩溶地貌，长久地孕育并展示着其非同寻常的科学价值和美学价值。

山清——"千峰环野立"

桂林山系形成史

桂林的地势格局在约 10 亿年前构造基底形成的时候就大致确定了，为两侧高、中部低。一般我们所说的桂林山水范围为东起海洋山，西至架桥岭，北达越城岭，而真正塑造桂林山水的地质系统范围还包括漓江上游的兴安和灵川境内的岩溶地貌。桂林岩溶地貌发育的地层基础主要是泥盆系、石炭系的碳酸盐岩，古老坚硬。在 10 亿年的地质构造历史中，桂林的山经历了构造基底形成、沉积盖层发育、后期地质构造变形和岩溶发育 4 个阶段，最终形成了如今的秀美景观。

桂林周边的山基本上属于南岭山系，其中，五岭是南岭山系的代表性山脉，由越城岭、都庞岭、萌渚岭、骑田岭、大庾岭组成。五岭的形成均与地质多期褶皱和多期次岩浆活动有关，山岭之间的地带则是裂谷盆地。据地质考证，位于漓江上游的越城岭（包括其主峰猫儿山）的山体中的花岗岩是 4 亿年前和 2 亿年前的两次岩浆活动形成的；位于桂林西部龙胜至永福一带的八十里大南山和天平山上出露的岩石地层四堡群和丹洲群属于元古代地层，是广西最古老的岩石，年龄在 7 亿～ 8 亿年。有学者认为，桂林及其所处的华南地区属于陆内造山带，形成时间在大约 8 亿年前。此外，桂林东部海洋山一带的寒武系地层为含云母砂岩的页岩，而泥盆系地层莲花山组为砂岩，底部为砾岩，与寒武系地层形成明显的角度不整合接触关系，这个发现可以证明华南地区在 4 亿年前遭遇了强烈的造山运动，桂林周围的大型山系基本是在这个时期形成的。

桂林名山

桂林的山，数不胜数，各领风骚。除桂林市区最高峰尧山为"土山"外，桂林的大部分名山均为"石山"，是峰林平原上千姿百态的碳酸盐岩峰体。根据峰体外缘的坡度、坡形及其组合特征，可将桂林市区至阳朔一带的峰林"石山"分为 3 类 8 型：（1）单峰类，包括塔型（独秀峰式）、锥型（碧莲峰式）、螺旋型（螺蛳山式）、单斜型（老人山式）、圆丘型（馒头山式）；（2）双峰和多峰类，包括马鞍型（马鞍山式）、峰簇型（普陀山式）；（3）组合类，主要为冠岩型（冠岩式）。

【尧山】尧山位于桂林市区东郊，是桂林市区内最高的山峰，主峰海拔 909.3 米，清代顾祖禹在《读史方舆纪要》中称其"长竟数百里，为桂郡诸山之冠"。尧山为"土山"，其土层较"石山"厚，山上树木茂盛，山峦重叠，气势雄伟，在桂林的峻秀山峰中别具一格。尧山的东面、南面和西面均与岩溶地貌接壤。站在尧山之巅，可远眺桂林塔状岩溶地貌。此外，尧山还以山中变幻莫测、绚丽多彩的四时景致而闻名。春天，漫山遍野的杜鹃花吸引着踏青的市民；夏天，满山松竹郁郁葱葱，营造出一处避暑胜地；秋天，层林尽染，织就一幅既热烈又宁静的梦幻画卷；冬天，冰凌于寒风呼啸中悄然凝结在树枝上，若再有白雪覆盖，更添一份别样的冷艳之美。

尧山亦是一处人文宝地。尧山因唐代建尧帝庙于此而得名。山上目前仍留存着唐代建筑白鹿禅寺（又称玉皇阁，为白鹿禅师故居）及明代建筑茅坪庵（又称祝圣庵）。尧山脚下坐落着我国目前发现的保存最完整、墓葬数量最多的明代藩王墓群——靖江王陵。靖江王陵享有"岭南第一陵"之美誉，1996年入选国务院首批公布的全国重点文物保护单位，2005年入选全国100处大遗址名录，2010年入选国家首批23处考古遗址公园项目立项名单。

【西山】西山因位于桂林市区的西部而得名。西山由12座大小不等的山峰组成，主峰是一座小型峰丛山体，由西峰、观音峰、立鱼峰和千山组成。西峰是西山的最高峰，位于主峰的西北部，海拔357米，形态挺拔，犹如一根石柱插在群峰之间。从西峰的山脚至山顶，分布着大裂隙、溶沟、溶槽、溶痕等各种小微岩溶形态，仿佛在诉说着地质演化的千万年沧桑。主峰北偏西方向为观音峰，因峰下有一危石，形若龙头，故又名龙头峰。因此处怪石嶙峋，没有土壤和植被覆盖，故又称"龙头石林"。立鱼峰位于主峰的东北面，远看峰体上的厚层石灰岩近乎水平，层层叠叠，层与层之间裂隙或大或小，使峰体突显险峻之势。在立鱼峰的山腰上，修建有一座西峰亭，在此可观赏到桂林"老八景"之一"西峰夕照"。西峰、观音峰、千山和立鱼峰之间分布有一些小的封闭洼地，这种景观在桂林市区内是十分少见的。

西山主峰的东面有一座独立山峰，名为隐山。隐山的奇特之处在于，山中发育了12个洞穴，几乎遍布石山四周，主要的洞穴有朝阳洞、夕阳洞、白雀洞、北牖洞、南华洞、嘉莲洞，合称"隐山六洞"。清代学者阮元在其所著的《隐山铭》中描述："一山尽空，六洞互透。""隐山六洞"各呈姿态，多与泉水相连，有人称赞其为"八桂岩洞最奇绝处"。韦宗卿在《隐山六洞记》中记载："目诸水隐山下，池谥曰蒙泉，派合成流……"这些洞穴都位于山脚，彼此内部相互连通，属于峰林平原区典型的脚洞

西山观音峰（龙头峰）

系统。隐山为唐代桂管观察使李渤于宝历年间开发。相传有一日，李渤率下属们到访隐山，发现山上各处均有洞，洞中"水石清拔，悠然有真趣"，于是组织工人在此处建造亭阁，并给"隐山六洞"取名，将此处打造得宛若蓬莱仙境。

　　除了鬼斧神工的洞穴景观，西山还保存着一批历史悠久的摩崖造像，吸引众多文化研究者和游客慕名前来。唐代南方五大禅林之首——西庆林寺的原址就位于西山，目前虽仅留遗址，但留存下来的1000多件唐碑石刻及摩崖造像已有1000多年的历史，为桂林现存年代最早、数量最多的摩崖石刻。其中最具代表性的作品，是坐落在观音峰半山脊的"李实造像"。

【穿山】穿山位于漓江的支流小东江旁，是峰林平原上的一座连座石峰，由5座山峰组成，平地拔起高度达到148米。穿山的北峰和西峰紧依小东江，中峰突起，东峰和南峰与塔山相望。穿山山体洞穴化程度高，以横向洞穴为主，有自然洞道30多个，且规模均较大。最底部洞穴的发育表现为脚洞，第二层洞穴的相对高度为20～30米，包括一个大的潜水带通道，它贯穿了整座石峰，即通常所说的穿洞；第三层洞穴相对高度为40～50米，即通常所说的月岩，它同样也贯穿了石峰，并包含一个潜水带通道及一个后期的渗流带下切，在高度约50米处。

在这些洞穴中，沉积物最丰富、最具观赏价值的便是穿洞，穿山也因此而得名。该穿洞名为穿山岩，洞里的景观包括大厅、曲折回环的通道、狭窄的裂隙，通道总长度达3488米。洞中的方解石具有良好的沉积

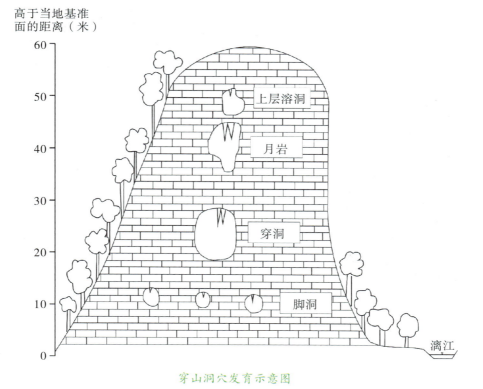

穿山洞穴发育示意图

条件，使洞内产生了较为罕见的岩溶地貌奇景，包括千姿百态的钟乳石、四连体石盾、长达 1.5 米的鹅管、卷曲般的石枝、石花或石毛等。穿山岩的四连体石盾还持有一项"世界溶洞中单柱钟乳石上连体石盾数量之最"的吉尼斯纪录，堪称世界溶洞一绝。位于第三洞穴层的月岩，南北贯通，如当空皓月，故而得名。月岩自古以来都是文人骚客喜爱游历驻足的胜地。南宋嘉定十五年（1222 年），桂州通判胡伯圆于岩上题刻"月岩"榜书。南宋端平三年（1236 年），静江知府赵师恕等人于此题刻十余件，其中"江作青罗带，山如碧玉簪（簪）"一句至今仍依稀可见。明代俞安期为此处作诗云："穿石映圆辉，明明月轮上。树影挂横斜，还如桂枝长。"2001 年 6 月 21 日，中华人民共和国国务院将桂林石刻（包括月岩石刻）列为全国重点文物保护单位。

穿山月岩

【塔山】塔山在漓江东岸、小东江西畔，与穿山隔江相望，海拔194米，相对高度44米。塔山为漓江旁的一座小孤峰。山上有明代修建的古塔，古塔为八边形七层结构，高13.3米，北面嵌佛像，称寿佛塔。"塔山清影"是桂林山水的另一幅杰作。

塔山航拍图

穿山与塔山

【叠彩山】叠彩山位于桂林市区北部、漓江西岸。叠彩山出露的地层主要为上泥盆统桂林组，岩性是灰岩和白云质灰岩，山石层层堆叠，如同堆缎叠锦，故而得名。唐代文学家、桂管观察使元晦在《叠彩山记》中便有记载："山以石纹横布，彩翠相间，若叠彩然，故以为名。"叠彩山由明月峰、仙鹤峰、四望山和于越山组成。明月峰为主峰，海拔223米；仙鹤峰为最高峰，海拔253.6米。

明月峰的半山腰处为叠彩山著名的风洞。风洞呈葫芦状，具有2个宽敞的大厅，即南洞和北洞，南洞名为叠彩岩，古称"福庭"；北洞名为北牖洞。由于洞体高悬半山腰，南北对穿，中间狭窄，前后开阔，一年四季清风徐徐，造就了此处的名景"叠彩和风"。

仙鹤峰位于明月峰的西北面，山腹有一穿洞名为仙鹤洞。洞内分为上下两层，下层较空旷，东西方向穿透，岩壁平整光滑，俨然一个长形拱顶大厅。东西两个洞口成为借景窗口：东口面对明月、于越诸峰，层峦叠嶂，锦翠连山；西口面对城北，屋宇楼台，鳞次栉比。置身洞中，环顾东西，仿佛透过两种视角，领略桂林两种截然不同的魅力。

叠彩山仙鹤洞

【**伏波山**】伏波山位于桂林市区东北部、漓江西岸，是一座独立的孤峰。它半枕陆地，半插漓江，山势陡峭。漓江流到这里，被山体阻挡而形成了巨大的回流，古人称此景象为"麓遏澜洄"，意为制伏波涛。

伏波山中有一座还珠洞。洞壁有明显的波痕，是古时水流的痕迹。洞内滴水丰富，新鲜的壁流石清晰可见。还珠洞内靠近漓江的一侧，有一根奇特的石柱，它上大下小，下垂的石柱与下方平整的基岩面仅有4～5厘米的空隙，被称为试剑石。试剑石是一根石灰岩被溶蚀而遗留下来的残柱，其底部原先有一层很薄的钙质页岩，受到江水长期冲刷，便产生了这条好似被剑劈开的空隙。此外，在与还珠洞相连的千佛岩内，刻有佛像200余尊，多为晚唐时期的作品，最早可追溯到唐大中六年（852年）。这些石刻佛像面目清癯，体态温和，服饰简朴，雕工精细，有的还镌刻有造像记，具有很高的艺术鉴赏价值和研究价值。

伏波山还珠洞内的试剑石

伏波山航拍图

水秀——"一水抱城流"

　　桂林"甲天下"的山水风景里，除了有山的清俊，也离不开水的秀美。桂林的山以"石山"为主，水土流失程度较轻，因此桂林的溪涧江河显得清澈明净，游鱼可数。桂林的水之秀美，还在于它总是和山、洞紧密相连，相映成趣。山山抱奇洞，水在洞中流。碳酸盐岩的可溶性，使得岩溶地区具有地表、地下双层结构，地表、地下通过落水洞、竖井、天窗、裂隙、溶隙等岩溶形态相连。在岩溶峰丛山区，降水通过这些"通道"快速进入地下河中，造成地表缺水，因此有"地表水贵如油，地下水滚滚流"之说。在峰林平原区，地表河网密集，与农田交织，构成了美丽的田园风光。地下河不仅对岩溶地区社会生产生活有着非常重要的作用，而且在地下造就了一个瑰丽神秘的"水世界"。在一些地段，地表河流切穿覆盖层，直接与下伏地层的碳酸盐岩接触，并通过裂隙、溶隙、落水洞等进入地下，又在另一处流出地表，构成了奇妙的地表、地下变化结构，给桂林的水增添了几分神秘色彩。

　　桂林境内的主要河流有漓江、桃花江、桂柳运河（相思埭）、义江、大江、金宝河、遇龙河及大源河等，均属珠江流域西江水系。

　　【漓江】漓江历史上曾名桂水，或称桂江、癸水、东江，是桂林的主要河流。漓江属珠江流域西江水系的桂江中上游河段，发源于海拔1732米的越城岭老山界南侧，流经兴安、灵川、桂林市区、阳朔，至平乐三江口止，全长164千米，呈南北向狭长带状分布。桃花江是漓江最大的支流。此外，漓江的支流还有小东江、相思江、南溪河、宁远河及灵剑溪等。

　　漓江是桂林山水的灵魂，其演化历史也成为人们关注的科学问题。观察漓江的流向会发现，漓江在穿山到大圩段处的流向发生了突变；另外，漓江的支流相思江的流向是自南向北流，与漓江流向的夹角形成一

漓江风光

个钝角……这些现象是什么原因造成的呢？在白垩纪晚期，桂林水系与现在不同，分为雁山—桂林—兴安、明村—阳朔两条汇水带，分别是古湘江和古漓江。古湘江由桂林流至兴安，流向是自南向北，而相思江正是古湘江的最上游段。古漓江发源于大圩到阳朔的地下河，在阳朔转变为地表水汇入漓江干流，漓江峡谷两岸陡崖上残留的中高层洞穴即为此处曾是古地下河的证据。到了第三纪，漓江峡谷区域地壳抬升，河床受侵蚀作用影响，底界下降，漓江干流下切形成峡谷，同时古漓江沿着大圩—拓木镇断裂向上游源头处后退，截夺了相思江上游的水流。这就是相思江会从南向北流进漓江的原因。

【桃花江】桃花江又名阳江，位于桂林市区西北部，是漓江的主要支流之一。桃花江发源于桂林市临桂区五通镇与灵川县青狮潭乡交界的中央岭东南侧，由北向南经临桂、灵川流入桂林市区，再经象鼻山北麓汇入漓江，干流全长约 65 千米。

桃花江上游为低山和丘陵，丘陵间夹杂分布着一些农田，形成上游农林种植区；中游为岩溶峰丛地貌，岩溶洼地形成水体，峰林间的平地组成一幅田园风光，山水、田园及岩洞构成了桃花江风景游览区的主体；下游为市区。

【小东江】小东江是漓江在桂林市区内的一条汊河。它贯穿市区，江面宽 50～60 米，在叠彩山对岸的漓江左岸与漓江分叉，与漓江平行由北向南流经桂林民俗风情园、花桥、七星公园，在七星公园门前有灵剑溪汇入，随后流经龙隐洞、桂海碑林、塔山及穿山公园，在穿山公园下游 800 米处汇入漓江，全长 5.8 千米。

过去，由于周围工业污水和城市生活污水、垃圾的影响，灵剑溪流域污水臭气冲天、垃圾漂浮。灵剑溪自东北向西环绕七星公园汇入小东江流域，所带来的污水和垃圾致使小东江河床内淤泥堆积，浮萍滋长，水体发黑、发臭，鱼虾绝迹，严重影响了周边景区的生态环境和附近居民的身体健康。桂林市环境保护局等多个部门于 2010 年共同开展治污、

小东江

引水、护岸、清淤、截污、垃圾处理、生态景观整治等综合整治工程，在1年时间内使得小东江的水质和沿岸生态景观大为改善，促使小东江流域生态系统步入良性循环，并将惠济桥、新桥、花桥、龙隐桥四桥连通直航，让游船可以从惠济桥直达穿山公园，使小东江成为"两江四湖"工程三环水系的重要组成部分。

【遇龙河】遇龙河古名安乐水，因中游有著名的遇龙桥而改名为遇龙河。遇龙河位于桂林东南部，距离桂林市区50千米。其发源于临桂区，是漓江在阳朔县境内最长的一条支流，全长43.5千米。遇龙河上游有古桂柳运河支流等汇入，之后流经阳朔县的葡萄、白沙、高田等乡镇，沿途有28道堰坝、百余处景点，在大榕树附近的工农桥与金宝河汇合成田家河，经书童山汇入漓江。

遇龙河号称"小漓江"。其蜿蜒穿过古老的遇龙桥，撞过道道滩头，向东流去，注入漓江。遇龙河沿途山形灵巧秀丽，水流平缓，村落密布，

古迹众多，最具恬静幽雅之美。整个遇龙河景区，没有现代化建筑，没有人工雕琢的痕迹，没有都市的喧嚣，一切都是原始、自然、古朴、纯净的，实乃桂林最大的自然山水园地。遇龙河上有大大小小的石桥、木桥，还有河中的 28 道滩，河畔引水灌田的竹筒水车，岸边古榕掩映的农庄，庄旁石阶上浣衣的村姑，河边垂钓的老翁，碧潭上嬉戏的鸭群和光腚的孩童，村舍间袅袅的炊烟，构成了一幅充满乡土风情的油画。"天平绿洲""情侣相拥""平湖倒影""夏棠胜境""双流古渡""梦幻河谷"等景点，让人仿佛进入天人合一的诗意境界和返璞归真的自由天地。

遇龙河峰林平原

洞奇——"无山不洞，无洞不奇"

桂林几乎每一座山里都发育着岩溶洞穴，市区附近有 220 座石峰，发育的横向洞穴达到 292 个。岩溶洞穴露出地表，提供了相对宽敞的空间和可以躲避风雨的环境，因此成为古人类生活的重要场所。从目前桂林发现的最早的古人类遗址——距今 3.5 万～ 2.8 万年的宝积岩，到距今 7000 多年的甑皮岩，证实了桂林古人类以岩溶洞穴作为主要的居住场所。

桂林典型洞穴类型

桂林的洞穴分布广泛，类型多样，形态各异，大小不一，最为典型的洞穴类型有脚洞、穿洞、地下河洞穴和化石洞等。

脚洞

脚洞指在岩溶峰林平原、盆地和谷地中的石峰脚部沿水平地面发育的洞穴。峰林平原、盆地、谷地中分布的第四系黏土层形成相对隔水层，导致地表径流或地下水聚集于石峰脚下，并侵蚀、溶蚀碳酸盐岩，最终开凿形成水平型的洞穴。如果是地表径流从外部溶蚀石峰脚部，则形成流入型脚洞；如果是地下水从石峰内部往外溶蚀，则形成流出型脚洞。在桂林峰林平原区，脚洞非常普遍，正所谓"孤峰下有脚洞"。

流入型脚洞

流出型脚洞

穿洞

　　穿洞指已经脱离或大部分已脱离地下水位的廊道式洞穴，其两端呈开口状，并能透光。穿洞长度一般不大，常呈圆拱形。其成因为地壳抬升或侵蚀基准面下降导致地下水位降低，使得地下河、伏流、地下廊道和洞穴全部或大部分出露地表，且其洞道两端发生侵蚀、崩塌而形成穿洞。如桂林象鼻山，因山形酷似一头伸着鼻子汲饮漓江水的巨象而得名。在象鼻和前脚之间，因一组南向延伸的垂直裂隙受河水长期溶蚀和侵蚀，形成一近圆形的穿洞，如同一轮临水皓月，被称为水月洞。"象山水月"奇景已经成为桂林的象征之一。在桂林峰林平原区，穿洞可分布于石峰的不同高度位置，而在峰丛洼地区，则分布在石峰较高处。桂林七星公园中的龙隐洞是一条河谷边缘穿洞。龙隐洞最显著的特征是，其洞顶上有一条形态生动的天沟，沟壁有波状流痕，状若龙鳞。

象鼻山水月洞

地下河洞穴

地下河也称暗河，是具有地表河流主要特性的地下径流排泄通道。在岩溶山区，地下河常发源于峰丛洼地、盆地和谷地中的落水洞。地表水通过落水洞进入地下，形成伏流，而在沿地下管道流动途中也会逐渐接受包气带裂隙水或来自竖井、洼地漏斗、天窗的地表水补给，最后在地势较低的平原区或河流处流出。地下河管道和洞穴，是在接近或位于地下水位处由溶蚀和侵蚀作用所形成的，且常受地下水位变动影响，呈全充水、半充水或干涸状态。地下河洞穴的类型主要包括落水洞、竖井、天窗和伏流。

落水洞也称消水洞，是地表水流向地下河的主要通道，由流水沿裂隙进行溶蚀、机械侵蚀作用并伴随坍塌而形成，主要分布于岩溶洼地、沟谷的底部等，深度可在 100 米以上，宽度很少超过 10 米。

竖井是发育于渗流带的一种垂向深井状的通道，深度数十米至数百米。其主要形成原因为地下水位下降，由落水洞进一步向下发育或洞穴顶板塌陷而成。

天窗就是地下河或溶洞顶部通向地表的透光部分，由地表水溶蚀、侵蚀或洞顶崩塌所形成。

伏流为地表河流经过地下的潜伏段，伏流洞道通常为全充水状态，只有使用潜水装备才可进入。伏流管道洞壁一般比较光滑陡直，多呈圆形或椭圆形断面。1985 年，中英联合洞穴探险队对桂林冠岩地下河进行了潜水探测，发现从牛屎冲天窗至小河里明流段之间约 3 千米的通道是全充水管道，且地下河为 U 形倒虹吸管道。

化石洞

化石洞即干陆洞或旱洞，主要指已经脱离地下水位的洞穴，人可以经洞口进入。这类洞穴主要包括发育于渗流带中的洞穴，或是由早先的饱水带洞演化而来。在化石洞的演化过程中，山体抬升或侵蚀基准面下降，地下水位降低，致使原来处于充水通道网中的某些通道作为渗流带的排水管道而继续发育，另一些通道被废弃而逐渐干涸，如阳朔县的碧莲洞。在桂林岩溶区，规模宏大的化石洞多为早期的地下河洞穴。

桂林著名洞穴

【七星岩】七星岩又称栖霞洞、碧虚岩、仙李岩等，位于桂林市区七星公园内的普陀山上。普陀山为峰林平原上的一座北西向石峰，山体发育了许多洞穴，以七星岩洞穴系统的规模最为庞大。七星岩洞穴系统由上下两层洞穴通道组成，上层为干陆洞，被开发成旅游洞穴，游览入口为七星前岩（或栖霞岩），出口为人工疏通的天岩；下层为现代地下河，地下河水自豆芽岩流出。七星岩洞穴系统发育于上泥盆统中上部的厚层块状亮晶粒屑灰岩中。地下河洞道大部分沿普陀山南侧边缘而行。据资料记载，七星岩洞口有砾石堆积层，说明上层洞穴也由地下河演化而来。整个洞穴的洞顶及侧壁上的溶蚀形态十分普遍，尤以波痕、窝穴、角石、边槽、石龛等最为显著，处处栩栩如生，形神兼备。整个岩洞雄奇深邃，如童话世界般瑰丽多姿，被誉为"神仙洞府"。《徐霞客游记》曾有记载："计前自栖霞达曾公岩，约径过者共二里，后自曾公岩入而出，约盘旋者共三里。"抗日战争时期，七星前岩曾作为桂林保卫战的临时指挥所，为纪念在这次战役中牺牲的抗日英烈，在普陀山博望坪建有"八百壮士墓"。

【芦笛岩】芦笛岩位于桂林市区西北郊、桃花江右岸的茅头山（又称光明山）南侧，因洞口长有一种相传可做笛子的芦获草而得名。山体出露地层为上泥盆统融县组上部亮晶砂屑灰岩、残余微晶砂屑灰岩和泥晶灰岩，地层产状平缓。芦笛岩洞穴形如囊状，由一个14900平方米的巨大洞厅和几个小的支洞组成。洞穴内发育有大量次生化学沉积物，主要为滴石类，尤以石笋发育数量最为繁多，其次为壁流石类，如石幕、石瀑布、石带等。芦笛岩是桂林最负盛名的游览洞穴之一。洞中琳琅满目的钟乳石、石笋、石柱、石幔、石盾等拟人状物，惟妙惟肖，"圆顶蚊帐""高峡飞瀑""盘龙宝塔""原始森林""帘外云山""水晶宫""雄狮送客"等景景相连，可谓移步成景，步移景换，被人们誉为"地下艺术之宫"。

芦笛岩"雄狮送客"景观

【冠岩】冠岩位于桂林市雁山区草坪回族乡，所在山体名为冠帽山，因山形似一顶古代帝王佩戴的紫金冠而得名。冠岩是桂林最大的地下河洞穴，1985 年由中英联合洞穴探险队探测发现。冠岩地下河系统自上游至下游可划分为穿岩、小河里岩和冠岩三段。各层水平通道在平面上时而平行、时而交错、时而重叠，并在多处以天窗和崩塌大厅相互连接，加上存在诸多分支通道与环形通道，使得冠岩成为桂林最为复杂的大型洞穴系统。明代徐霞客曾经两次到冠岩幽洞考察，并在其游记中记载道："舟转西北向，又三里，为冠岩山。上突崖层出，俨若朝冠。北面山麓，则穿洞西向临江，水自中出，外与江通。棹舟而入，洞门甚高，而内更宏朗，悉悬乳柱，惜通流之窦下伏，无从远溯。"而明代蔡文的一首《冠岩·七绝》"洞府深深映水开，幽花怪石白云堆。中有一脉清流出，不识源从何处来"，更是道出了冠岩的神奇。

【**银子岩**】银子岩位于桂林市荔浦市马岭镇，是桂林最著名的旅游洞穴之一。因洞内次生碳酸盐沉积物晶莹剔透、洁白无瑕，宛如夜空中的银河倾泻而下，又像银子般闪烁，故而得名。银子岩洞穴景观以雄、奇、幽、美独领风骚，被国内外洞穴专家称为"世界岩溶艺术宝库"。其贯穿12座山峰，主要发育于中下泥盆统灰岩中。洞幽景奇，瑰丽壮观，各种类型的钟乳石、石笋、石柱、石幔、石帘、石旗、边石坝等洞穴沉积物景观，千姿百态，让人应接不暇。洞内拥有特色景点数十个，以"三绝"——"音乐石屏""雪山飞瀑""瑶池仙境"和"三宝"——"独柱擎天""佛祖论经""混元珍珠伞"等景点为代表，令游客啧啧称奇。

石美——"幽花怪石白云堆"

洞穴高度发育，为地下水提供了赋存空间，特别是随着地下水位下降，饱和的滴水和滴流水进入洞穴之后脱气，形成了各种形态的洞穴沉积物，如滴水沉积形成的鹅管、石笋、钟乳石和石柱，流水顺壁流下形成的石幔和顺坡沉积形成的边石坝，裂隙水形成的石盾，池水和滴水共同作用形成的莲花盆、穴珠等。

石笋

石笋，顾名思义，就是形状像竹笋一样的石头。其一般生长于洞穴底板，底部直径较顶部直径大，就像地上长出来的竹笋一样。石笋的形态各异，有的从下到上直径几乎不变，有的呈棕榈状，有的底部小、顶部大等，其形态特征反映了洞穴滴水的动态变化。如直径变化不大的石笋，一般上覆含水层调蓄能力较强，滴水均匀稳定；棕榈状的石笋由滴水和溅水共同作用形成；有些石笋长得歪七扭八，主要与滴水点位置的移动有关，大型石笋往往是大量滴水点共同沉积形成的。

冠岩棕榈状石笋"生命之花"

钟乳石

钟乳石是一种沿裂隙、孔隙自洞穴顶部向下生长的以碳酸钙为主的沉积物。其悬于洞顶，形状如乳，敲击会发出如钟声一般洪亮的声音，故而得名。钟乳石形成初期表现为一小型突起，后随着饱和滴流水的持续补给而逐渐增大、变长。切开钟乳石，其剖面呈现同心圆结构，而中心部分为空心的管道。一般而言，滴水频率较快，则易在洞底形成石笋；滴水频率较慢，则易在洞顶形成钟乳石。在洞穴的洞口处，由于植物光合作用的影响，经常出现向光生长的斜向钟乳石。

洞口向光生长的钟乳石（箭头处）

石柱

向下生长的钟乳石与向上生长的石笋连接到一块，就形成了石柱。因此可以说，石柱在洞穴系统中堪称"顶天立地"的存在。许多旅游洞穴中将快要连接到一起的石笋与钟乳石构成的景观命名为"千年一吻"。桂林市阳朔县兴坪镇罗田大岩中分布有直径 10 米以上、高度超过 40 米的巨大石柱 10 根以上，反映出罗田大岩洞穴滴水规模宏大，且成洞历史悠久。

石幔

石幔又称石帷幕、石帘、石蚊帐等，是一种由沿着洞顶、洞壁节理裂隙或层面裂隙流出的饱含碳酸钙的薄层水在流出基岩过程中因二氧化碳气体逸出，碳酸钙沉积而形成的波浪状、裙状或卷曲状的沉积物。

穿山岩石幔

边石坝

边石坝是一种在有一定坡度的地下河、地表河、岩溶泉向下流动的过程中，或在洞穴滴流水顺洞壁向下流动的过程中，由于岩溶水二氧化碳脱气、碳酸钙沉积而形成的拦河坝状、阶梯状的碳酸钙边石。比较典型的由岩溶地表水形成的边石坝多分布于云南香格里拉的白水台、四川阿坝的九寨沟和黄龙等。

莲花盆

莲花盆又名云盆，是一种由滴水、池水和流水协同沉积形成的碳酸钙沉积物。其形态一般为圆形或浑圆形盘状。其形成的原始洞底必须是平整的池塘，莲花盆必须自洞底从最初阶段开始同步生长；洞底要有形成池塘的条件，同时洞顶要有流量较大的滴水。

百色乐业罗妹莲花洞莲花盆

鹅管

鹅管是一种从洞顶向下生长的细长、中空、管状沉积物，其上下直径变化不大，一般在封闭性较好的洞穴空间内，由慢速滴水点形成。因其中空且透明，类似于中间空管的鹅毛而得名。鹅管主要从中心管道滴水，经脱气饱和使结晶生长，因此可以用其来重建过去的气候环境变化。

茅茅头大岩鹅管

石盾

石盾是由洞壁裂隙中具有局部承压性质的含饱和碳酸氢根离子的裂隙水向外挤出，形成的上下两片吻合并向外生长的环形盾面。因其形似一块盾形的板而得名。在盾面生长的同时，下部盾面承接向下流出的坡面流水，形成盾坠（即石幔）。由于桂林峰林平原出露的灰岩以泥盆—石炭纪灰岩为主，且受多期构造运动影响，基岩裂隙相对发育，因此石盾较为常见，尤其以桂林市阳朔县兴坪镇魔鬼岩为多，其狭窄的洞道中发育着多个石盾，规模较为罕见。

穴珠

穴珠由滴水和池水协同沉积形成，一般由核心和外壳组成。核心多由泥质和方解石微晶组成，也有的由石英碎屑、岩块、动物骨骼、树枝或气泡组成。外壳由粒状或短柱状方解石组成，受黏土物质含量差异的影响而呈现出同心层状构造。桂林的穴珠一般有 3 种成因类型：一是在地下河床浅水流动中生长；二是在洞中水塘或浅水池中生长；三是在不大的积水凹地或滴水石窝中生长。其形态有圆形、卵圆形、次圆形、短棒形、不规则形或葡萄状及比较特殊的饼状。桂林的穴珠大量形成于温暖潮湿的全新世暖期。

桂林——从中国历史文化名城走向世界旅游城市

底蕴深厚的历史文化古城

　　考古工作者对桂林宝积岩和甑皮岩出土的遗物进行考证后了解到，桂林的人类祖先活动可以追溯到 1 万年以前。早在夏商周时期，桂林就是百越人的居住地。

从远古至今，沧海桑田，历代桂林人在桂林留下了灿烂的文化遗产，分别为以甑皮岩为代表的史前文化，以宋代、明代古城池格局为代表的古代城市建设文化，以灵渠、相思埭为代表的古代水利科技文化，以名山胜迹、摩崖石刻为代表的山水文化，以靖江王城、王陵墓群为代表的明代藩王文化，以近现代革命遗迹、历史纪念地为代表的近现代文化等，这些构成了桂林历史文化的精髓。目前，桂林全市范围内共有各级文物保护单位 462 处，其中，全国重点文物保护单位 20 处，全国传统古村落 138 个，中国历史文化名镇名村 10 个，数量均居全广西第一。

"千峰环野立"的桂林城

　　新时代下的桂林市，是中国最早对外开放旅游业的城市之一，也是中国接待境外游客最多的城市之一。桂林漓江被美国有线电视新闻网（CNN）评选为"全球 15 条最美河流"之一。桂林漓江冠岩风景区拥有 2 项吉尼斯纪录——岩洞游览方式最多和岩洞旅游观光滑道最长。桂林拥有世界现存数量最多、种类最齐全的摩崖石刻，上面记载着古代文人骚客对桂林山水的赞美，"看山如观画，游山如读史"，说的就是摩崖石刻。桂林城北的鹦鹉山上刻有迄今发现的世界上现存最大的军事城防图。始建于秦始皇时期的灵渠已有 2200 多年的历史，是世界最古老的水利工程之一，也是世界最古老的军事航道，有"南有灵渠，北有长城"的说法。"两江四湖"工程是世界上最完整的复古环城水利景观，完全按照 800 年前的桂林古水道进行设计和建设，业界权威人士认为，这一景观比世界著名水城威尼斯还要壮观。桂林象山景区的水月洞持有 1 项吉尼斯纪录——含唐、宋石刻文字最多。2012 年 11 月 1 日，经国务院同意，国家发展和改革委员会批复《桂林国际旅游胜地建设发展规划纲要》，这是我国第一个旅游专项发展规划。桂林以国际化大都市的标准推动城市发展，建设国际旅游城市。2014 年，以桂林山水为代表的中国南方喀斯特二期项目被列入《世界遗产名录》，成为全人类共同的财富。

　　桂林获得无数荣誉，既得益于其"山水甲天下"的自然天赐，更少不了从古至今人们对它的热爱与呵护。1973 年，桂林市成为国家第一批对外开放城市；1982 年，桂林市被列为首批国家历史文化名城；1985 年，桂林市被确定为中国十大风景游览城市；2011 年，桂林市被评为"最中国文化名城"；2018 年，桂林市成为国家可持续发展议程创新示范区，联合国世界旅游组织 / 亚太旅游协会旅游趋势与展望国际论坛永久举办地……桂林不仅仅是中国的桂林，更是世界的桂林。桂林的山水画卷永远向世界展开，以世界遗产的姿态向四海宾朋发出邀约。

敬畏自然，保护桂林山水

党和国家领导人曾多次考察桂林漓江，还提出了漓江保护方案。早在 1960 年 5 月 15 日，周恩来总理就在桂林市区至阳朔县的船上听取了桂林地方领导的工作汇报，并仔细审查了正在兴建中的青狮潭水库的蓝图。当谈到桂林环境保护时，周总理指出："桂林山水很好，就是树木少了一点。两岸可多种一些竹子，竹子不但美观，还可以做很多有用的东西。"

2021 年 4 月 25 日，习近平总书记来到桂林市阳朔县漓江杨堤码头并乘船考察漓江阳朔段。他强调，要坚持山水林田湖草沙系统治理，坚持正确的生态观、发展观，敬畏自然、顺应自然、保护自然，上下同心、齐抓共管，把保持山水生态的原真性和完整性作为一项重要工作，深入推进生态修复和环境污染治理，杜绝滥采乱挖，推动流域生态环境持续改善、生态系统持续优化、整体功能持续提升。

近年来，桂林市大力推进漓江"治乱、治水、治山、治本"的工作，改善了漓江生态环境，使漓江的水变得更清澈，吸引了更多的游客前往漓江旅游。游客乘坐太阳能游船穿过杨堤，可见水下森林随波摇曳，苦草与轮叶黑藻编织的生态滤网，正将往昔浑浊的江水净化成流动的琥珀。

多变的流水、奇异的山峰，塑造了桂林和谐的生态环境。截至 2023 年，为保护桂林山水，已在桂林市建立了 12 个自然保护区，总面积约为 39.2 万公顷，占全市总面积的 14.15%，其中有 4 个国家级自然保护区（猫儿山国家级自然保护区、花坪国家级自然保护区、千家洞国家级自然保护区、银竹老山资源冷杉国家级自然保护区）。桂林市森林资源丰富，森林覆盖

漓江美景

率达 55.04%，树种资源种类繁多。截至 2023 年，桂林市境内共有维管植物 249 科 1103 属 3120 种，其中，资源冷杉、银杉、水松、南方红豆杉为国家一级保护植物。桂林市的野生动物资源也十分丰富，截至 2023 年，桂林市拥有陆栖脊椎野生动物约 637 种，其中鸟类约 378 种，黄腹角雉、金雕、白颈长尾雉、云豹、林麝等为国家一级保护动物。

独特的山水赋予了桂林独特的矿产资源。截至 2023 年，桂林境内已发现可利用的矿产有 45 种，其中查明有一定资源储量并可开发利用的矿产有 33 种，有多种矿产资源储量位居广西前列，桂林盛产的滑石质量更是位居世界前列。在已探明的矿产资源中，铅锌、铌钽、花岗岩、石灰岩、大理岩、重晶石、矿泉水等矿产资源开发前景较好，而滑石、大理岩、花岗岩、石灰岩、萤石、矿泉水及鸡血石等矿产资源具有较大开发潜力。

桂林山水与旅游文化的交响曲

"桂林的山呀漓江的水，水绕山环桂林城。"桂林是世界岩溶峰林景观发育最完善的典型地区，山清、水秀、洞奇、石美，旅游资源相当丰富。桂林的每一处山水褶皱中，都蕴藏着大自然馈赠的"珍宝"。桂林拥有国家 AAAAA 级旅游景区 4 处，分别是桂林漓江景区、桂林独秀峰·王城景区、桂林两江四湖·象山景区、桂林乐满地休闲世界；国家 AAAA 级旅游景区 47 处，国家 AAA 级旅游景区 37 处。

【两江四湖·象山景区】两江四湖·象山景区位于桂林中心城区，是以象鼻山、伏波山、叠彩山为中心，"两江四湖"为纽带的大型景区。整个景区由"两江四湖"景区、象山景区、滨江景区构成，通过连接漓江、桃花江和榕湖、杉湖、桂湖、木龙湖，构成可通航的环绕桂林市区的水上游览体系。"两江四湖"景区主要景观包括以木龙古渡、古城墙为主景，宝积山、叠彩山等为背景，体现城市文化特色的木龙古水道主景区；以山林自然野趣为特色的桂湖景区；以体现"城在景中、景在城中"山水城市空间特征为特色的榕湖、杉湖主景区。象山景区主要景观有象鼻山、水月洞、象眼岩、普贤塔、三花酒窖、爱情岛、云峰寺及寺内的太平天国革命遗址陈列馆等。象鼻山以其独特的山形和悠久的历史成为桂林城徽；水月洞内有摩崖石刻 50 余件，唐代著名诗人韩愈的名句"江作青罗带，山如碧玉篸（簪）"便在其中；洞与水中倒影宛如一轮明月，自古便有"象山水月"的美誉。滨江景区主要包括叠彩公园和伏波公园等。叠彩山上历代名人的摩崖石刻众多，为桂林文物中的精华。伏波山因东汉时期伏波将军马援南征时经过此地而得名。伏波公园由多级山地庭园组成，园内有还珠洞、千佛岩、珊瑚岩、试剑石、听涛阁、半山亭、千人锅及大铁钟等景点和文物，集山、水、洞、石、亭、园、文物于一园，是桂林山水文化的缩影。

【漓江景区】漓江景区体现了桂林山水的精华，是中国山水风光的典型代表，属于世界自然遗产。漓江发源于兴安县猫儿山，是岩溶地貌发育最典型的地段，酷似一条青罗带，蜿蜒于万点奇峰之间。从桂林至阳朔约80千米的水程，沿江风光旖旎，碧水萦回，奇峰倒影，深潭、喷泉、飞瀑参差，美不胜收。其兼有"山清、水秀、洞奇、石美"四绝与"洲绿、滩险、潭深、瀑飞"之胜。乘船游览漓江，可见绿岛芳洲、渔舟红帆、鹰击长空、鱼翔浅底。江水赋予凝重的青山以动态、灵性、生命，把人带进神话的世界，舟行之际，进入"分明看见青山顶，船在青山顶上行"的意境。漓江景观因时、因地、因气候而有不同变化。春天，云雾缭绕，烟雨缥缈，江山空漾；夏日，上下天光，碧绿万顷，万山刚毅；秋时，江峰如洗，满山飘香，硕果累累；冬季，两岸白雪，山水清灵，纯净高雅。四季美景构成一幅幅绚丽多彩的画卷，人称"百里漓江、百里画廊"。

【独秀峰·王城景区】独秀峰·王城景区是全国重点文物保护单位。靖江王城始建于明洪武五年（1372年），规模宏大，门深城坚，布局严谨，气势庄严，殿堂巍峨，亭阁轩昂，水光山色，恍如仙宫。它比北京故宫早建34年，其建筑布局和风格在一定程度上是南京故宫的精华缩影，历史上为明代的藩王府、清代的广西贡院、民国的广西省政府所在地。靖江王城坐东北朝西南，南北长556米，东西宽355米，占地面积18.7公顷。靖江王城周围是1.5千米长的城垣，全部采用巨型方整的料石砌成，厚5.5米，高近8米，十分坚固，是国内保存最好的明代城墙。靖江王城历经11代14位藩王，按照藩王府定制构筑，保持了中国古代建筑中轴对称的布局，前为承运门，中为承运殿，后为寝宫，最后为御苑。围绕主体建筑而建的还有四堂、四亭和台、阁、轩、室、所等40多

靖江王城

处。靖江王城最著名的景点有承运殿、太平岩、贡院、独秀峰。独秀峰有"南天一柱"的美誉，山峰突兀而起，形如刀削斧砍，周围众山环绕，孤峰傲立，有如帝王之尊；峰壁摩崖石刻星罗棋布，约 800 年前南宋诗人王正功的千古名句"桂林山水甲天下"的摩崖石刻真迹正是题刻于此。

【七星景区】七星景区位于漓江东岸、漓江支流小东江畔，因景区内有七星山、七星岩而得名，是桂林最大、历史最悠久、景点最多的综合性公园，国家 AAAA 级旅游景区。七星景区具有典型的岩溶地貌景观，主要景点有花桥、普陀山、七星岩、驼峰、月牙山、桂海碑林、栖霞禅寺及华夏之光广场等。七星山七峰并峙，从空中俯瞰，宛如北斗星座，北四峰像斗魁，称普陀山；南三峰像斗柄，称月牙山。著名的七星岩就在普陀山山腹，岩洞雄奇深邃，洞中石钟乳、石笋、石柱、石幔等千姿百态，蔚为奇观。

【甑皮岩遗址】甑皮岩遗址是全国重点文物保护单位，占地面积50000 平方米。甑皮岩遗址包括主洞、矮洞、水洞，洞穴面积约 1000 平方米。遗址中出土了石器、骨器、蚌器、角器、牙器和陶器残片；发现了中国最原始的陶器和新石器洞穴遗址以及最早的石器加工场；发掘了古人类骨架 32 具，其中大部分骨架显示为奇特的"屈肢蹲葬"；出土了古人类食后遗弃的 113 种水生、陆生动物遗骸，其中，哺乳动物"秀丽漓江鹿"、鸟类"桂林广西鸟"是首次发现的绝灭物种；鉴定出植物孢粉和碳化物近 200 种，其中包括中国最早、距今约 10000 年的桂花种子。遗址的遗迹遗物记载和展示了距今 12000～7000 年的桂林史前文化发展轨迹，被考古界称为"华南及东南亚史前考古最重要的标尺和资料库之一"，有"史前明珠"之美誉。

甑皮岩遗址

印象桂林

徐霞客与桂林

　　徐霞客是我国明代著名的旅行家、卓越的地理学家，中国岩溶学与洞穴学的奠基人。他毕生从事艰苦卓绝的地理考察工作，以祖国的大好河山为背景，用自己的脚"写"出了《徐霞客游记》一书，书中特别描述了他晚年的西南之行，其中对桂林山水、洞穴的调查与探索，具有很重要的科学意义。

　　徐霞客年轻的时候，"志在蜀之峨眉，粤之桂林"，然而直到1637年，他才开始考察我国西南岩溶地区。他在《徐霞客游记·粤西游日记一》中，记录了在明崇祯十年（1637年）仲夏时节考察游历桂林的详细情况，距今已有380多年。书中记载，在明崇祯十年（1637年）五月十九日，徐霞客"定阳朔舟"，两天后即开始了对桂林漓江、阳朔的考察。

　　徐霞客对广西的游览从全州开始，时间是闰四月初八，他从湘江南岸进入黄沙河地界。闰四月初十，徐霞客抵达湘山寺。他进入兴安的时间是闰四月二十日。闰四月二十八日开始，他经临桂的海阳堡（现属灵川），一路参观了木龙洞、虞山、叠彩山、伏波山，穿越七星山后，又参观了七星岩、榕树门，过东门浮桥（现为解放桥），入桂林城。他先后考察了叠彩山、伏波山、隐山，游览了雉山、南溪山、刘仙岩、崖头及北门诸山、象鼻山、斗鸡山、穿岩、龙隐岩、月牙岩、程公岩、西山、中隐山、侯山、辰山、尧山、黄金岩等。他对所到之处均进行深入调查，仔细观察，做好记录，研究了岩溶地貌、岩溶洞穴的发育规律，并对很多自然现象提出了与现在相似的科学解释。

中国地质科学院岩溶地质研究所内的徐霞客塑像

　　五月二十一日中午，徐霞客从桂林城浮桥门登舟，"南过水月洞东"，正式开始考察漓江和阳朔的历程。路过漓江上的"九马画山"后，他指出"江自北来，至是西折，山受啮，半剖为削崖；有纹层络，绿树沿映，石质黄红青白，杂彩交错成章"。同时，他还得出"江流击山"致使"山削成壁"的结论，这与现在河流侧蚀的观点是一致的。泊舟兴坪时，他在日记中写道："……至画山，月犹未起，而山色空濛，若隐若现。又南五里，为兴平……漓江自桂林南来，两岸森壁回峰，中多洲渚分合，无翻流之石，直泻之湍，故舟行屈曲石穴间，无妨夜棹……"五月二十五日，他再乘船溯漓江返程，二十八日回到桂林城，"抵水月洞北城下"。徐霞客在漓江、阳朔总共考察了 8 天，其间对漓江沿岸的秀丽风光、岩溶地貌等各种自然地理现象都进行了细致的观察，还总结了一些具有科学价值的理论，证明了他当时对岩溶地貌、岩溶景观的研究已经达到相当高的水平。

　　回到桂林城后，徐霞客稍作休息，自六月初一起再次考察桂林。此次他考察了七星岩、栖霞洞，游览了青秀山、狮子岩、琴潭岩、荔枝山、平塘街、桂山。10 天后，他结束了对桂林的考察和研究，于六月十一日离开桂林。

　　徐霞客在游桂林的过程中详细记录了典型的岩溶地貌类型——峰林，在游记中称之为"石山"。此外，徐霞客详细比较了不同地区的岩溶地貌类型，他指出广西、贵州、云南南部的峰林地貌分别属于 3 种类型："粤西之山，有纯石者，有间石者，各自分行独挺，不相混杂；滇南之山，皆土峰缭绕，间有缀石，亦十不一二，故环洼为多；黔南之山，则界于二者之间，独以逼耸见奇。"他进而分析道："滇山惟多土，故多壅流成海，而流多浑浊，惟抚仙湖最清；粤山惟石，故多穿穴之流，而水悉澄清；而黔流亦界于二者之间。"现代地质与地理研究表明，云南是高原区，以岩溶断陷盆地为特色，盆地面积较大，盆地底部和山区洼地底部沉积有较厚的土壤层，而坡地土层较薄，水土流失严重。贵州高原分为两个部分，高原本部以溶蚀盆地为主，分布有锥状峰林和峰丛；贵州南部到广西东北部的斜坡地带则以峰丛洼地为主，高峰丛、深洼地，气势恢宏。广西则以峰林地形为特色，高耸的石峰巍峙于地面上，景观秀丽。

在《徐霞客游记》中，对桂林的描述除"石山"外，还有"洞"。徐霞客一生游览了100多个洞穴，而位于桂林市区和阳朔的就有80多个。他对洞的描述很详细，如描述七星岩第一洞天"有石鲤鱼从隙悬跃下向，首尾鳞鳃"，后人就称之为"鲤鱼跃龙门"，也称"红鲤鱼"。在300多年前，没有仪器，没有团队，徐霞客独自一人，仅凭自己多年行走的经验，靠目测、步量就弄清楚了洞穴的结构，甚至对部分洞穴的分布、规模、层数、结构都做了详细描述，这与当今地质工作者的工作很相似。他所游览过的洞穴，如今大部分都可以让游客进入和参观。

文人墨客笔下的桂林

长久以来，桂林山水以其独有的意韵吸引着历代文人墨客驻足流连，造就了独具一格的人文景观。灵动的水，挺拔的山，让仁者赏心，让智者悦目。桂林山水孕育了桂林文化的根基与源泉，桂林文化滋润了桂林山水的精神与韵味。秀丽山水与文人墨客相得益彰，相映生辉。

古诗

历代文人无不深深折服于桂林山水之美，有5000多首描绘桂林山水的诗歌流传至今，尤以明清时期的诗作最多。

最早吟咏桂林山水的诗歌是东汉时期张衡所作的《四愁诗》："我所思兮在桂林。欲往从之湘水深，侧身南望涕沾襟。美人赠我琴琅玕，何以报之双玉盘。路远莫致倚惆怅，何为怀忧心烦伤。"诗中的桂林，不仅是地理上的美景，更是张衡心中美好事物的象征。

南朝宋诗人颜延之有句"未若独秀者，峨峨郛邑间"，不仅表达了诗人对独秀峰的赞美，也写出了整片桂林山峰的嵯峨气派。

唐代是我国古代诗歌的鼎盛时期，地处边疆的桂林，虽远离中原，但无法阻挡诗人们对山水胜地的神往，如王昌龄在失意时、韩愈被贬岭南地区时都曾来到桂林。这些诗人受境遇影响，创作了大量与桂林有关的送别诗。

边塞诗人王昌龄作送别诗三首：

送谭八之桂林

客心仍在楚，江馆复临湘。

别意猿鸟外，天寒桂水长。

送高三之桂林

留君夜饮对潇湘，从此归舟客梦长。

岭上梅花侵雪暗，归时还拂桂花香。

送任五之桂林

楚客醉孤舟，越水将引棹。

山为两乡别，月带千里貌。

羁谴同缯纶，僻幽闻虎豹。

桂林寒色在，苦节知所效。

诗圣杜甫虽未到过桂林，但其送友诗句"宜人独桂林"，用一个"独"字，表达了他对桂林山水的青睐。柳宗元到桂林时，赞誉家洲亭"今是亭之胜，甲于天下"，从赞美亭子的角度，第一次提出"甲于天下"之说。韩愈更是在水月洞中留下"江作青罗带，山如碧玉篸（簪）"的千古名句。

北宋嘉祐年间，广西转运使李师中游览桂林山水后称赞"桂林天下之胜，处兹山水"，第一次把桂林山水放在"天下"的范围内。南宋乾道、淳熙年间，曾任桂林地方官的诗人范成大写下了"桂山之奇，宜为天下第一"的赞语，把对桂林的山的评价提到一个前所未有的高度。

南宋末年，桂州经略史李曾伯在《重建湘南楼记》一文中盛赞"桂林山川甲天下"。到了清光绪十一年（1885年），广西巡抚金武祥在《漓江游草》一诗中赞誉"桂林山水甲天下"。但关于"桂林山水甲天下"这一名句的确切出处，学术界一直争论不休，直到1983年，桂林市文物工作者在对独秀峰石刻进行全面调查、清理时，发现了一块被厚厚的钟乳石覆盖的摩崖石刻，上面一字不差地刻有"桂林山水甲天下"的字句，落款为南宋庆元、嘉泰年间担任过广南西路提点刑狱并代理静江知府的王正功，从而结束了不休的争论。

王正功（1133—1203），字承甫，原名慎思，字有之，避孝宗讳改名，鄞县（今浙江宁波）人。南宋庆元六年（1200年），王正功以68岁高龄到桂林任广南西路提点刑狱并代理静江知府。嘉泰元年（1201年），恰逢乡试之年，广西学子参加乡试者共中举人11名。王正功听闻桂林学子在科举考试中成绩不俗，为学子们高兴，便依鹿鸣宴惯例，以地方官身份在府中宴请中举的学子，与学子对饮。王正功在微醺中挥笔而就，作七律两首，其二诗云：

> 桂林山水甲天下，玉碧罗青意可参。
>
> 士气未饶军气振，文场端似战场酣。
>
> 九关虎豹看勃敌，万里鹍鹏仗剧谈。
>
> 老眼摩挲顿增爽，诸君端是斗之南。

王正功作此诗是希望桂林的学子们能百尺竿头更进一步，在学业上取得的成绩像桂林山水一样秀甲天下。后来，王正功的门生张次良将这两首诗完整地刻在著名景点独秀峰南麓的读书岩上，极大提振了桂林学子们的求学上进之心，也为桂林山水的名声与文化增添了光彩。

独秀峰"桂林山水甲天下"石刻

现代诗文

赞美桂林山水的现代诗也很多，其中，著名诗人贺敬之先生的作品《桂林山水歌》尤为知名。该诗创作于 1959 年 7 月，1961 年 10 月发表于《人民文学》。诗作描绘了桂林山水壮秀的美、柔情的美，感情真挚，表达了诗人对桂林沧桑巨变的赞誉，并以点带面，通过桂林山水的美赞颂祖国的大好山河。该诗抒发了全国人民对桂林山水的热爱，后被选入中小学语文课本。

桂林山水歌

云中的神啊，雾中的仙，

神姿仙态桂林的山！

情一样深啊，梦一样美，

如情似梦漓江的水！

水几重啊，山几重？

水绕山环桂林城……

是山城啊，是水城？

都在青山绿水中……

啊！此山此水入胸怀，

此时此身何处来？

……黄河的浪涛塞外的风，

此来关山千万重。

马鞍上梦见沙盘上画：

"桂林山水甲天下"……

啊！是梦境啊，是仙境？

此时身在独秀峰！

心是醉啊，还是醒？

水迎山接入画屏！

画中画——漓江照我身千影，

歌中歌——山山应我响回声……

招手相问老人山，

云罩江山几万年？

——伏波山下还珠洞，

宝珠久等叩门声……

鸡笼山一唱屏风开，

绿水白帆红旗来！

大地的愁容春雨洗，

请看穿山明镜里——

啊！桂林的山来漓江的水——

祖国的笑容这样美！

桂林山水入胸襟，

此景此情战士的心——

是诗情啊，是爱情？

都在漓江春水中！

三花酒掺一份漓江水，

祖国啊，对你的爱情百年醉……

江山多娇人多情，

使我白发永不生！

对此江山人自豪，

使我青春永不老！

七星岩去赴神仙会，

招呼刘三姐啊打从天上回……

人间天上大路开，

要唱新歌随我来！

三姐的山歌十万八千箩，

战士啊，指点江山唱祖国……

红旗万梭织锦绣，

海北天南一望收！

塞外的风沙啊黄河的浪，

春光万里到故乡。

红旗下：少年英雄遍地生——

望不尽：千姿万态"独秀峰"！

——意满怀啊，情满胸，

恰似漓江春水浓！

啊！汗雨挥洒彩笔画：

桂林山水——满天下！

……

现代作家陈淼于 1962 年创作的游记散文《漓江春雨》中的节选片段《桂林山水》也入选了全国小学语文教科书。该片段篇幅短小精美，将桂林山水的美表现得淋漓尽致，影响了一代又一代的读者。

桂林山水

人们都说："桂林山水甲天下。"我们乘着木船荡漾在漓江上，来观赏桂林的山水。

我看见过波澜壮阔的大海，观赏过水平如镜的西湖，却从没看见过漓江这样的水。漓江的水真静啊，静得让你感觉不到它在流动；漓江的水真清啊，清得可以看见江底的沙石；漓江的水真绿啊，绿得仿佛那是一块无瑕的翡翠。船桨激起微波，扩散出一道道水纹，才让你感觉到，船在前进，岸在后移。

我攀登过峰峦雄伟的泰山，游览过红叶似火的香山，却从没看见过桂林这一带的山。桂林的山真奇啊，一座座拔地而起，各不相连，像老人，像巨象，像骆驼，奇峰罗列，形态万千；桂林的山真秀啊，像翠绿的屏障，像新生的竹笋，色彩明丽，倒映水中；桂林的山真险啊，危峰兀立，怪石嶙峋，好像一不小心就会栽倒下来。

这样的山围绕着这样的水，这样的水倒映着这样的山，再加上空中云雾迷蒙，山间绿树红花，江上竹筏小舟，让你感到像是走进了连绵不断的画卷，真是"舟行碧波上，人在画中游"。

现代作家光盘创作的长篇小说《烟雨漫漓江》，荣获第十三届全国少数民族文学创作骏马奖。该小说以广西桂林漓江上游地区为背景，以人与自然、人与人和谐相处为主题，书写了漓江流域的人们保护自然生态的故事，展现了桂林人民保护桂林山水的情怀与使命。

对联

对联是中国民间的一种文学创作形式，深受老百姓喜爱。众多对联作品点缀在桂林的山水之间，为桂林的文脉增添了一抹亮色。

【叠彩山】叠彩山中有相当多的对联佳句，展现了人们对桂林山水的热爱。清代张祥河于叠彩山山腰题风洞一联云："到清凉境；生欢喜心。"清代梁章钜题于叠彩山中福亭："粉墙丹柱动光彩；高崖巨壁争开张。""金碧焕楼台，远眺盘龙，近招白鹤；烟云生几席，风来北牖，亭对南熏。"徐宗培题于叠彩山望江亭："千古江流环槛绕；万重山色上城来。"望江亭上还有对联："山静水流开画景；鸢飞鱼跃悟天机。""郁郁佳气；泱泱大风。"谢光绮题于叠彩山一拳亭："四望山深藏古刹；一拳石老跨虚亭。"张祥河题于叠彩山元常侍清赏处，位于风洞侧："漓江酒绿招凉去；常侍诗清赏雨来。"梁章钜题于叠彩山景风阁："林间虚室足觞咏；山外清流无古今。"景风阁上还有"莀相名王传静土；云华黛影绚精蓝""谁作画图传韵事；我来清赏溯名流"的对联。方月樵题于叠彩山圣寿寺："鹫岭记曾经，忆前身是金粟如来，好趁美景良辰，把酒问天边明月；鸾骖真不羡，谈宦迹到莲花世界，何限诗情画意，凭栏看江上晴霞。"林素园题于叠彩山风洞壁马相伯像："心赤貌慈，人瑞人师；形神宛在，弥坚弥高。"

【独秀峰】独秀峰的名字来源自有其理，一代又一代的贤达才俊竞相为其题联，真可谓是山独秀，文也夺魁。

清代廖鸿熙称赞独秀峰："撑天凌日月，插地震山河。"清代梁章钜赞独秀峰："户外一峰秀，窗前万木低。"同时题于独秀峰五咏堂："得地领群峰，目极舜洞尧山而外；登堂怀往哲，人在鸿轩凤举之中。""胜地如画图，是贤守遗区，雄藩旧馆；灵山托文字，有叔齐作记，孟简题名。"清道光十四年（1834年），按察使者阿勒清阿赞独秀峰："烟景纵观开眼界，峰峦直峙近云天。"道光年间，余应松有一联咏独秀峰五咏堂："异代景前修，想石榻摊书，竹林怀友；新堂还旧观，对半潭秋水，一柱奇峰。"清代黄国材书于独秀峰南天门："一枝铁笔千钧重；四字丹书五丈长。"清代卞斌题于独秀峰五咏堂："胜境重开，诗彩书声延古趣；生机最乐，雀喧鱼戏助天和。""光禄诗，文节书，大府未时一胜境；王公冕，将军画，名山何日得重游。"清代吕月沧题于秀峰书院讲堂："先有本而

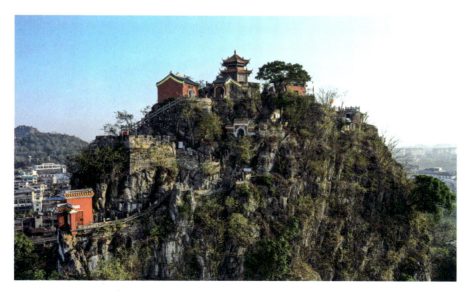

独秀峰航拍图

后有文，读三代两汉之书，养其根，俟其实；舍希贤莫由希圣，守先正大儒之说，尊所闻，行所知。"清代王惟诚题于独秀峰五咏堂："造物本无私，移来槛外烟云，适开胜境；会心原不远，就此眼前山水，犹见古人。"清代张祥河题于独秀峰五咏堂："雄藩胜览曾开圃；太守风流尚读书。"王力题于独秀峰月牙池："过五岭，近月牙，秀水花桥竞秀色；傍七星，邻象鼻，层峦叠彩占春光。"清代刘定逌题于秀峰书院："于三纲五常内，力尽一分，就算一分真事业；向六经四子中，尚论千古，才识千古大文章。"

【象鼻山】象鼻山闻名中外，人们到桂林游玩，少不了去一趟象鼻山。名山拥有的名联可不少。清代朱棨题联云："水月尽文章，会心时原不在远；星云灿魁斗，钟灵处定非偶然。"清嘉庆年间，阳呈南为钵园大门题一联云："眼底双峰，玉洞风尤凭领取；指南一卷，铁琴门户任推敲。"清代王鹏运为三里亭书一联云："五岭春明堪驻马；四山云雾听鸣鸡。"

象鼻山航拍图

清康熙年间任广西左江道分巡的陈斌如题楹联："江流横万里；天柱插三峰。"清代罗植珊在 1894 年游览隐山时创作："此去道非常道；其中元之又元。"真可谓大象无形，而名联有形！

【龙隐洞】龙隐洞位于七星山瑶光峰山脚，其一壁插入小东江中。因洞顶有一条石槽，像神龙飞去后留下的全身痕迹，故名龙隐洞。南宋方信孺题联于龙隐洞："石上参差鳞甲动；眼中在处画图开。"康有为弟子刘德宜在北京参加维新变法失败后，流落到桂林，在游览龙隐洞时，他有感而发："龙从何处飞来？看秀峰对峙，漓水前横，终当际会风云，破浪不尝居此地；隐是伊谁偕汝？喜旁倚月牙，下临象鼻，莫便奔腾湖海，

龙隐洞

幽栖聊为寄闲身。"方信孺题联以"石上参差鳞甲动"暗喻龙隐洞的灵动传说，而刘德宜的题联则借"龙隐"意象抒怀：上联以"龙从何处飞来"发问，暗喻自己于维新变法失败后流离失所的境遇，借"际会风云""破浪"之志，表达不甘沉沦、期待再起的抱负；下联以"隐是伊谁偕汝"自省，借月牙山、象鼻山等桂林胜景，暂寄"幽栖闲身"，实则暗藏蓄势待发、心系家国的复杂心绪；全联以龙喻己，既有对时局动荡的无奈，亦有蛰伏中坚守理想的倔强。

【月牙山】月牙山位于桂林市东，又名月牙岩，山中有名联："叠彩七星烟霞路；白云黄鹤岳阳楼。"王力题于月牙山小广寒楼："甲天下名不虚传，奇似黄山，幽如青岛，雅同赤壁，佳似紫金，高若鹫峰，穆方牯岭，妙逾雁荡，古比虎丘，激动着倜傥豪情，志奋鲲鹏，思存霄汉，目空培塿，胸涤尘埃，心旷神怡消垒块；冠寰球人皆向往，振衣独秀，探隐七星，寄傲伏波，放歌叠彩，泛舟象鼻，品茗月牙，赏雨花桥，赋诗芦笛，引起了联翩遐想，农甘陇亩，士乐缥缃，工展鸿图，商操胜算，河清海晏庆升平。"王力作为中国语言学泰斗，为小广寒楼题写楹联，以磅礴的文采将山水意境与人文情怀相融，赞颂月牙山胜景承载着士农工商的理想寄托，可以激发豪情壮志，展现了月牙山超越地域的广阔魅力，更将自身才学与山景巧妙融合，强化了月牙山的文化底蕴。

【七星岩】七星岩位于东普陀山西侧山腰，又名栖霞洞，有"云埋大壑封秦树；雷劈阴岩见禹碑"之说。马君武题于七星岩普陀精舍："城东佳景，常绕梦魂，叹半生飘零，遂与名山成久别；岭表旧都，屡经离乱，望故乡英俊，共筹长策致升平。"范时崇题于七星岩碧虚亭："先文穆风流宛在；家学士丘壑偶然。"王鹏运题于七星岩三里亭："五岭春明堪驻马；四山云雾听鸣鸠。"闵叙集句题于栖霞寺："白云四壁合；青霭入看无。"近代教育家、学者马君武先生为七星岩题联，表达了他对祖国河山的热爱，寄托了他对旧中国战乱的担忧，希望中华民族和平、人民安居乐业。范时崇、王鹏运、闵叙等亦以诗句点染山水意境，或追思先贤文脉，或

七星岩洞口

描摹四时风物。这些楹联既刻画出七星岩的自然雄奇，又承载了士人的家国理想与人文哲思，使山水景观升华为精神寄托的载体。

【**阳朔**】描述阳朔的对联主要集中分布于阳朔公园、阳朔寿阳书院等地。阳朔寿阳书院为清道光十六年（1836年）知县吴德征创建。余应松为阳朔寿阳书院题词："文笔耸层霄，爱此间对万壑萦回，教化由来先党序；书楼崇讲席，愿多士做千秋事业，显扬不仅为科名。"黄嗣徽为阳朔寿阳书院题词："科目开自大中，更期继起有人，议谥当如祠部直；山水甲于天下，何幸宦游到此，论文因悟史迁奇。"王大令题于帜山楼："簪山带水最奇处；风户云梁独上时。"帜山楼位于城西，原名寿阳公园，现为阳朔公园。阳朔的魅力，不仅源于山水的秀美，也得益于浓厚的文化气息。

阳朔风光

桂林山水画与漓江画派

　　桂林处处皆胜景。多年来，桂林山水画以山水景观为依托，用中国传统绘画水墨交融的形式表现桂林山水的意韵，突破形式而追求生命内蕴。

　　古代反映桂林山水题材且流传下来的画作屈指可数，后人一直在寻找和搜集。可考的最早记载是在约 1000 年前的宋朝。北宋的米芾，于1070—1075 年任临桂县县尉，任职期间创作了《阳朔山图》。该画作失传于明末，多有复制品流传，现在遗存下来的有邹迪光《阳朔山图卷》。我们现在能看到的最早的原作只有清代罗辰的《桂林山水图》木版画册。罗辰一生喜作关于桂林山水的诗书画，并被人誉为"漓江三绝"，《中国历代人名大辞典》《清画家史诗》等典籍均有他的传记。其所画桂林山水虽仍规范于"四王"之中，却精于布置，疏淡有致。其父罗存理，自号五岳游人，亦是清代广西著名的画家之一，擅长山水画，尤以画桂林山水为出色。其女罗杏初也擅长绘画，因此有"罗氏一门三代风雅"之美誉。

　　如画的风景为桂林山水画的繁荣创造了广阔的平台。"清初四僧"之一的石涛就出生在桂林，他"搜尽奇峰打草稿"的绘画理念影响了后来的许多画家。

　　清末之后，桂林山水画创作进入了一个相对兴盛的时期。20 世纪初期至中叶，尤其是抗日战争期间，大量画家涌入桂林，桂林文艺活动盛极一时，成为令人瞩目的"抗战文化城"，以桂林山水为题材的作品层出不穷。初期有陈树人及高剑父、高奇峰兄弟，并称"岭南三杰"。其中，尤以陈树人最为钟爱画桂林山水，取法东洋，著有画册《桂林山水画写生集》。1905 年 7 月，齐白石应广西提学使汪颂年的邀请游览桂林，并于在桂林居住的半年间创作了《独秀山》《漓江泛舟》等作品。此次赴桂林远游不仅开阔了他的视野，更让他的山水画风格发生了真正的转变。桂林山水对齐白石的画风产生了很大的影响，他后来所作之画的山水形态、整体构图无不以桂林山水的自然地貌、地理特征为依据。拔地而起、蓦然独立、一山一水的构图几乎成为齐白石山水画的代表符号。徐悲鸿、叶浅予、张安治、关山月等名家都曾流连于桂林山水之间，创作了许多具有很高艺术价值的传世山水画，重现了博大沉雄的精神气魄，重构了中国画的出世、入世精神，以精神与情感的超脱给人以强烈的震撼。其中以徐悲鸿先生的《漓江烟雨》最为著名，画中以大泼墨绘出山光云影，笔致洒落，殊有新意。

时至当代，桂林山水画也不乏佳作，典型作品有吴冠中的《桂林》和李可染的《桂林山水》。吴冠中的《桂林》，布局采用中国传统水墨画的构图形式，富有层次感的 3 层群山占据了画面的绝大部分空间，营造出东方水墨"山水一色"的空灵和虚实感，逶迤的山脉流露悠扬的情怀，浅蓝灰色的远山与阴雨"共长天一色"，同时与边角上的江水形成呼应；而在曲径通幽的山水之间，位于画面视觉中心的五颜六色的桂北民居群，为画面注入了"人化自然"的生动意境。李可染一生钟爱桂林山水，在他的画室中曾长期挂着《漓江天下景》以自赏。李可染的桂林山水画，"意境高雅隐逸，读来有抒情诗的意味"。1972 年，他为民族饭店创作了一幅 4 米宽的巨幅画作《阳朔胜境图》，被誉为李家山水画的里程碑。之后，他创作的《清漓天下景》《清漓胜境图》《雨中漓江》等一批佳作也相继问世，这是他一生创作的高峰。《桂林山水》作于 20 世纪 70 年代，题词中写道："世称桂林山水甲天下，吾曾多次前往写生，此图在象鼻山得景，深感祖国河山之美，兹以意写之奉谷牧同志教正。"

广西画家们依托桂林山水的自然资源，提出打造属于自己的"画派"，其历史可以追溯到 20 世纪 60 年代上半期，画家阳太阳先生是第一个提出创造属于广西的"画派"的美术家。油画家涂克提出广西应利用自身的地理优势去创建"亚热带画派"。著名中国画画家黄独峰从印度尼西亚回到广西后提出"岭南画派西移说"。1986 年，广西美术家协会提出构建广西美术的风格，广西老一辈画家帅础坚、阳太阳、黄独峰、涂克等创作出大批反映漓江山水的优秀作品。20 世纪 80 年代中期，以黄格胜为首的一批广西画家，将创作重心放在描绘漓江山水和广西南方的风景上，"漓江画派"就此诞生，并造就了一批有成就、有影响力的桂林山水画家。随着"漓江画派"的形成，以桂林山水为题材的画家数量之多达到惊人的地步，有相当一部分有影响力的老画家选择长期定居桂林，穷胸中之意，画桂林之山水。

桂林山水之"人在画中游"

山水实景，象鼻云霓

　　提到关于桂林的传说，很多人第一时间会想到刘三姐的故事。《印象·刘三姐》是桂林 2004 年打造的大型山水实景演出，由张艺谋、王潮歌、樊跃执导，开创了中国旅游实景演出的先河，是张艺谋"印象"系列的开山鼻祖。它是一场将传统传说与现代艺术结合在一起的山水实景演出，它延续了电影《刘三姐》（1960 年）的经典元素，但突破了舞台限

《印象·刘三姐》演出画面

制，将山水实景作为叙事载体，以广西桂林阳朔书童山段漓江 2 千米水域为舞台，以 12 座山峰及天空为背景，融合山歌、民族风情与桂林山水等多种元素，是世界上最大的山水实景演出。这个项目扩大了桂林山水文化品牌的影响力，为桂林打造了一张亮丽的城市文化名片。

象鼻山是桂林山水的灵魂，是桂林千百年来的城市标志。《象山传奇》是国内首个完全基于音视觉创意打造的夜间文化旅游幻境项目，是世界上最大的山体实景投影，也是桂林首次将高科技的全新旅游概念引入景区。《象山传奇》通过"远古桂林""神秘象寨""幻影剧场""神象传说"等四个主题篇章，立体展示了桂林的山水及文化。项目在让游客参与互动、体验如入奇幻梦境的同时，将桂林山水之魂——象鼻山，变成一个集画之妙、人之美、光之幻、影之奇于一体的实景魔幻剧场。

万国襟怀共此青罗带

桂林的山清、水秀、洞奇、石美，吸引着各国人士前来参观，大家都对桂林赞叹不已。党和国家领导人也多次考察桂林。1963 年 1 月 28 日，朱德与徐特立、吴玉章、谢觉哉等到桂林考察。29 日，77 岁的朱德和 87 岁的徐特立等健步登上叠彩山明月峰，并作诗唱和。朱德作诗："徐老老英雄，同上明月峰。登高不用杖，脱帽喜东风。"徐特立应声唱和："朱总更英雄，同行先登峰。拿云亭上望，漓水来春风。"同年 2 月 23 日，时任国务院副总理兼外交部部长陈毅陪同柬埔寨西哈努克亲王访问桂林。陈毅作了一首名为《游桂林》的诗，赠给桂林市和阳朔县的同志们。诗中写道："水作青罗带，山如碧玉簪。洞穴幽且深，处处呈奇观。桂林此三绝，足供一生看……愿作桂林人，不愿作神仙。"另有一首诗《游阳朔》写道："桂林阳朔一水通，快轮看尽千万峰。""桂林阳朔不可分，妄为甲乙近愚庸。朝辞桂林雾蒙蒙，暮别阳朔满江红。"同年3月22日，时任全国人民代表大会常务委员会副委员长郭沫若到桂林考察。24日，他写下《满江红·咏芦笛岩》，赞扬祖国"换了人间，普天下，红旗荡漾"。在《游阳朔舟中偶成四首》一诗中，他又写下"桂林山水甲天下，天下山水甲桂林。请看无山不有洞，可知山水贵虚心"的名句。郭沫若于1938年曾到过桂林，1963年再游桂林，他在《满江红·七星岩》一词中赞叹："廿四年，旧地又重游，惊变质。"他认为，桂林不仅是旅游城市，也是文化古城。他曾有"桂林金石富"一言，给予桂林石刻很高的评价。

1973年10月，时任国务院副总理邓小平陪同时任加拿大总理皮埃尔·埃利奥特·特鲁多访问桂林。邓小平看到桂林秀丽的山水和生态环境被废气、废水严重污染后，指出桂林是世界著名的风景文化名城，如果不把环境保护好，不把漓江治理好，即使工农业生产发展得再快，市政建设搞得再好，那也是功不抵过。

桂林以其甲天下的山水接待四方宾朋，很多外国要员考察桂林漓江时留下了无数的赞美。1961年5月15日，时任越南民主共和国主席胡志明访问桂林市并游览了叠彩山、七星岩等地。在阳朔，胡志明登上望江楼，眺望阳朔山水，触景生情，用中文写下了"阳朔风景好"和"桂林风景甲天下，如诗中画，画中诗。山中樵夫唱，江上客船归。奇！"的赞美之句。1963年2月23日，时任柬埔寨国家元首诺罗敦·西哈努克亲王和夫人，由时任国务院副总理兼外交部长陈毅陪同抵达桂林市参观访问，游览了叠彩山、伏波山、七星岩、芦笛岩，乘船观赏漓江风光，并乘车到近郊穿山公社参观，向公社赠送了柬埔寨的银鼎。诺罗敦·西哈努克亲王对陈毅副总理说："我游览过世界各地名胜，无一处可与桂林相比。"1973年10月，时任加拿大总理皮埃尔·埃利奥特·特鲁多称赞桂林是一座美丽的城市。1974年10月，时任丹麦首相保罗·哈特林也称赞漓江太美了，在世界上是独一无二的。1976年2月，时任美国总统理查德·尼克松访问中国，在游览桂林山水时说："我们所访问过的大小城市中，没有一个比得上桂林美丽。"1981年，比利时国王和王妃访问桂林后赞叹道："如今，愿望变成了现实。亲眼看到了桂林，名不虚传，风景确实很美，在世界上是一流的。"1985年10月16—17日，时任美国副总统乔治·布什访问桂林，他赞叹："就像许多中国人自古以来就知道桂林的壮丽风光一样，美国人听说以后，也会前来参观游览。桂林的自然风景确实迷人，堪称世界最美的地方之一。"时任美国总统威廉·克林顿于1998年7月2日访问桂林，在七星公园发表环保演讲，之后游览漓江，他说道："桂林山水太美了，给我留下了深刻印象。"

桂林山水秀丽迷人的生态资源引起了国际科学界的高度关注，众多地质、地理、水文、环境、旅游等方面的国际知名科学家前来桂林开展科学考察。1976年，中国地质科学院岩溶地质研究所在桂林成立。2008年，联合国教育、科学及文化组织国际岩溶研究中心落户桂林，进行广泛的国际科技合作与交流，大量的国内外科学家前来桂林开展科学研究。

改革开放初期，前南斯拉夫著名岩溶学家罗格里奇访问中国地质科学院岩溶地质研究所，开启了频繁的国际岩溶科学交流与合作的先河。20世纪70年代末以来，世界著名岩溶地貌学家、英国牛津大学地理系荣誉高级讲师斯威婷博士多次带领学生到桂林实习，专门认识桂林岩溶地貌，并撰写了大量关于桂林岩溶地貌、中国西南岩溶地貌的论文在国际上发表，提出了以桂林为代表的"中国南方岩溶可能成为世界性的岩溶模式"的学术论述。

1988年，桂林市举办了以"岩溶水文地质和岩溶环境保护"为主题的第21届国际水文地质大会，这是当时中国地学界规模最大的一次国际会议，出席会议的有来自32个国家的代表共400多人。也正是因为这个会议，让世界众多的科学家开始认识桂林，并对桂林有了美好的印象。之后，中国地质科学院岩溶地质研究所的袁道先院士连续担任联合国教育、科学及文化组织与岩溶相关的国际地球科学计划IGCP299、IGCP379

和 IGCP448 的国际工作组主席，为更多的国际学者认识桂林岩溶地貌提供了条件。

2013 年 4 月，以"岩溶资源、环境与全球变化——认识、缓解与应对"为主题的国际学术会议在桂林召开，来自 13 个国家和地区的 138 名代表参加会议，参会单位有 50 个，再次展示了桂林山水的魅力。

2014 年 6 月，以桂林山水为代表的中国南方喀斯特二期项目被列入《世界遗产名录》，彰显了桂林山水的世界级魅力。

2018 年，桂林成为中国政府贯彻联合国可持续发展议程的创新示范区，积累在脆弱环境区实现可持续发展的经验，并在国际上进行推广。同时，桂林大力抓住"一带一路"的机遇，依靠联合国教育、科学及文化组织国际岩溶研究中心与"一带一路"共建国家在岩溶科研和发展上的合作，提出了岩溶山水资源研究和保护的桂林方案。

2021 年 4 月，习近平总书记到广西考察时，再次强调"广西生态优势金不换"。他指出："桂林是一座山水甲天下的旅游名城，这是大自然赐予中华民族的一块宝地，一定要呵护好。"桂林要坚持以人民为中心，努力创造宜业、宜居、宜乐、宜游的良好环境，打造一座世界级旅游城市。

2021 年，广西壮族自治区生态环境厅印发了《漓江南流江九洲江钦江等重点流域水环境综合治理 2021 年度工作计划》，开启了"漓江流域水污染防治任务"，重点解决漓江流域的水土流失、岩溶湿地退化、非法采砂、农业面源污染等突出问题。

党的二十大期间，习近平总书记参加广西代表团讨论时，对桂林永久免费开放象鼻山景区等做法给予高度肯定，并指出："保护好桂林山水就是对国家对民族最大的贡献。""十四五"期间，桂林市坚持以习近平生态文明思想为指导，深入贯彻落实习近平总书记关于广西工作论述的重要要求和对桂林的重要指示批示精神，坚决保护好漓江、保护好桂林山水，凭借生态优势铸就发展胜势，谱写山水人城和谐相融的时代华章。

桂林美丽的自然景观

　　从习近平总书记"广西生态优势金不换"的殷殷嘱托，到漓江流域综合治理的扎实推进，再到各国来客对漓江和桂林的高度称赞，新时代的桂林正书写着"绿水青山就是金山银山"的生动答卷。桂林市以"功成不必在我"的境界和"功成必定有我"的担当，将生态理念融入城市发展肌理，用制度护航生态保护，以民生温度激活绿色动能，在守护自然馈赠中探索高质量发展新路径。当岩溶地貌的灵秀山水与现代化城市的蓬勃发展交相辉映，"山水甲天下"的千年胜景必将在新征程上绽放出更加璀璨的时代光芒，为全球生态文明建设贡献中国智慧与广西方案。